基于博弈理论和频谱特征的雷达波形设计

李伟 著

国防工業出版社
·北京·

内容简介

现代作战中电子对抗双方形成一种动态持续博弈状态。本书详细阐述基于博弈理论的雷达发射波形设计方法，涵盖完全信息博弈、不完全信息博弈、强化学习和深度强化学习的波形设计方法和实现。本书主要内容包括雷达波形设计和博弈的基础理论、完全信息条件下雷达博弈波形设计方法、不完全信息条件下雷达博弈波形设计方法、基于多种博弈模型的MIMO雷达波形设计方法、基于强化学习和深度强化学习的博弈波形设计。

本书适合从事雷达电子战、通信电子战、认知电子战等领域科研和教学的技术人员阅读，也可作为高等院校相关专业高年级本科生和研究生的参考书。

图书在版编目（CIP）数据

基于博弈理论和频谱特征的雷达波形设计 / 李伟著 .
北京 : 国防工业出版社, 2025. -- ISBN 978-7-118
-13709-5

Ⅰ. TN951

中国国家版本馆 CIP 数据核字第 2025UN8998 号

※

国防工業出版社 出版发行
（北京市海淀区紫竹院南路 23 号　邮政编码 100048）
北京虎彩文化传播有限公司印刷
新华书店经售

*

开本 710×1000　1/16　**印张** 9¾　**字数** 178 千字
2025 年 5 月第 1 版第 1 次印刷　**印数** 1—1500 册　**定价** 69.00 元

国防书店：(010) 88540777　　书店传真：(010) 88540776
发行业务：(010) 88540717　　发行传真：(010) 88540762

前　言

自从一百年前出现雷达至今，雷达在民用、军用领域发挥着越来越重要的作用，广泛用于资源勘探、灾情预测和评估、空中管制、航天测控、国土防空、预警探测、武器制导等领域，受到了越来越多的重视。正因为如此，雷达出现没有多久，就出现雷达对抗技术，它和雷达技术作为一种矛和盾的关系，相互促进，使得两者的对抗越来越激烈。

从最开始的箔条等无源压制干扰，发展到噪声压制干扰，再发展到后来的拖曳式干扰，又发展到转发式的压制和欺骗干扰，电子战技术手段一直在更新，干扰的形式和雷达信号或回波越来越接近，获得了越来越高的处理增益。针对日益精进的电子战手段，各种雷达抗干扰技术层出不穷，有从天线出发的空域置零技术，也有从检测门限或检测技术出发的抗干扰性能提升技术，还有借鉴通信跳频技术的信号捷变方法，尤其是从雷达波形设计出发的抗干扰思想，为对抗主瓣干扰提供了重要思路。总之，抗干扰技术在与干扰技术的电子对抗中得到了蓬勃发展。

但是，电子对抗双方不是一蹴而就的，两者是一个动态对抗的关系，始终处于一种博弈的状态。既然是博弈，就应该可以用博弈论思想来研究电子战中的雷达和干扰的波形设计问题。博弈论自 20 世纪初被提出后，就在经济等领域得到了广泛的研究和应用，但是如何将博弈模型应用于雷达对抗波形设计，是一项巨大的挑战。人工智能和博弈论结合并应用到雷达波形设计，成为一个值得探索的方向。

本书结合国家自然科学基金“干扰条件下基于平均信息量的机载 MIMO 雷达天线和信号联合优化研究”（61302153）、国家自然科学基金“对抗条件下地对空雷达智能博弈波形设计”（62271500）、航空科学基金“博弈条件下机载 MIMO 雷达天线和信号联合优化设计研究”（20122096011）、航空科学基金“干扰条件下空空导弹导引头信号认知优化研究”（20140196003）、航空科学基金“基于深度信任网络的认知制导雷达波形设计”（20160196001）以及陕西省自然科学基金“干扰条件下基于深度神经网络的制导雷达波形设计”（2020JM-347）的研究成果，针对博弈理论和人工智能技术在雷达对抗波形设计理论及相关技术展开了较为深入的研究，从基于博弈模型和基于人工智能两个方面深入阐述了电子战条件下的雷达波形设计方法，分析了各种设计方法得到的雷达波形带来的抗干扰性能，探索了从频域到时域的信号转换实现方法。

全书共分 11 章。第 1 章和第 2 章介绍了雷达波形设计和博弈理论现状，以及雷达信号基本模型；第 3 章和第 4 章介绍了完全信息条件下单天线雷达波形设计方法，雷达和干扰均可获得所有环境和对方信息的情况；第 5 章介绍了不完全信息条件下雷达波形设计方法；第 6 章~第 8 章介绍了基于各种博弈模型的 MIMO 雷达波形设计方法；第 9 章和第 10 章介绍了基于强化学习和深度强化学习的雷达博弈波形设计方法，通过引入人工智能技术，使得雷达波形设计可以自动化和智能化；第 11 章总结了全书内容，并对基于博弈理论设计雷达波形的发展前景做了展望。

在本书的撰写过程中，得到了国防工业出版社编辑老师的悉心指导，硕士研究生兰星、王泓霖和郑泽新参与了本书的部分图形绘制和细节讨论，在此一并表示感谢。

随着国内外对于博弈理论在电子战领域的应用受到越来越多的重视，相关研究开始进入快车道，本书难免有不当和错误之处，还望各位读者多提宝贵意见。

作者

2024 年 11 月

目　录

第1章 绪　　论

1.1 雷达发展历程

雷达（Radio Detection and Ranging，RADAR）意为“无线电探测与测距”，它利用目标对电磁波的反射或散射现象对目标进行检测、定位、跟踪、成像与识别。19世纪末期，雷达技术的实现原理开始被科研工作者发现和研究。1864年麦克斯韦提出电磁理论，开辟了电磁学的研究领域。在1888年，赫兹证实了电磁波的存在，并首次实现了天线系统。1903—1904年赫尔斯迈耶研发了最初的船用防撞雷达。1922年，“无线电之父”马可尼发现电磁波不需要线路就可远距离传输，进而主张可将电磁波用于探测物体，这是关于雷达概念的最早描述[1]。

在电磁学发展基础上，民用雷达首先出现，紧接着其军事应用价值很快得到重视，美国、英国、法国、苏联、德国和日本都大力推动雷达技术的发展。雷达被誉为“第二次世界大战的天之骄子”。第一个投入实战的雷达网是1937年英国人罗伯特·沃森·瓦特设计的“本土链”作战雷达网，它在“大不列颠空战”中显露身手。1938年美国信号公司制造出了第一部火控雷达SCR-268。同年，美国无线电公司研制出第一部舰载雷达XAF，并被部署到了“纽约”号战舰上。1939年英国制造出第一部机载预警雷达ASV-1，将其安装在用于监视入侵的飞机上。紧接着美国研制出了SCR-270/271警戒雷达，并在1941年12月日本偷袭珍珠港时成功探测到日本飞机的回波，但却被误认为是己方回波而没有发挥应有作用。

第二次世界大战期间雷达的工作频率大多在100~200MHz范围，使用频率最高的是德国，但也只有600MHz。现在的雷达频段广泛分布在30MHz~300GHz范围内，雷达的工作频率和整个电磁波频谱使用情况如图1.1所示。

20世纪40年代，随着雷达朝着频率更高的微波波段甚至K波段发展，这一时期发展起来的单脉冲原理和脉冲压缩雷达原理开始得到应用和发展，出现了合成孔径雷达和机载脉冲多普勒雷达等新型雷达。50年代末，为了实现超远距探测，雷达频段开始回归到甚高频和超高频频段。60年代，电扫描相控

图 1.1　无线电频率范围及典型应用

阵天线和数字处理技术的成功应用，显著提升了雷达的综合性能。从 70 年代开始，雷达技术发展进入快车道，脉冲多普勒雷达、合成孔径雷达和相控阵雷达得到迅猛发展，雷达的探测性能、跟踪能力乃至于抗干扰能力都得到长足的发展。

进入 21 世纪，随着材料技术、隐身技术和电子战技术的发展，雷达在应用中面临着越来越多的综合电子干扰、低空/超低空突防、隐身目标和反辐射导弹等威胁，对雷达性能形成了严重挑战。为了满足作战时空需求、反应速度和综合能力等要求，先后涌现出了许多先进而新颖的雷达技术。一方面，多输入多输出（MIMO）技术被引入雷达系统，成为国内外专家研究的重点；另一方面，利用仿生知识设计的认知雷达，因其智能化程度引起了雷达界广泛关注，催生了认知电子战等技术的发展，使得雷达和干扰这一对“矛”和“盾”在相互挑战的同时也促进了对方的进步和演化。

1.1.1　MIMO 雷达研究背景与意义

MIMO 系统拥有提升雷达系统各方面性能的能力，越来越受重视和欢迎。MIMO 概念并非新鲜事物，事实上它最初可追溯到控制系统方面的文献。20 世纪 90 年代早期，MIMO 技术开始被应用于通信系统领域，能够显著提升物理通信信道的输出量，被证明是非常有效的。

受 MIMO 通信启发，许多研究者探索将 MIMO 技术应用到传感器和雷达系统中，这才形成了 MIMO 雷达的概念。如图 1.2 所示，雷达信号的传输并非经由通信中的信道，但可将雷达信号从发射机到目标的传输，以及从目标到接收机的反向传输过程视为通信中的信道传输，而目标的位置、速度和一些其他特征则决定信道特性，一般通过“信道矩阵”来描述它们，而雷达最终目的是减少“信道矩阵”的估计误差，以精确地确定目标类型并获取目标信息[2-3]。

基于天线分布特点，可将 MIMO 雷达分为集中式和分布式两类，如图 1.3

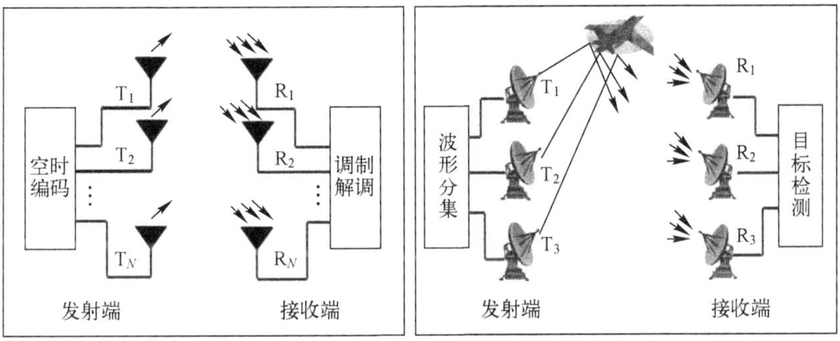

(a) MIMO通信　　(b) MIMO雷达

图 1.2　MIMO 通信与 MIMO 雷达

所示。集中式 MIMO 雷达天线阵元间距小，通过发射互不相同信号实现波形分集，提升目标识别性能及估计准确度；分布式 MIMO 雷达天线阵元间距大，利用空间分集技术提升目标检测性能及高分辨率定位能力。

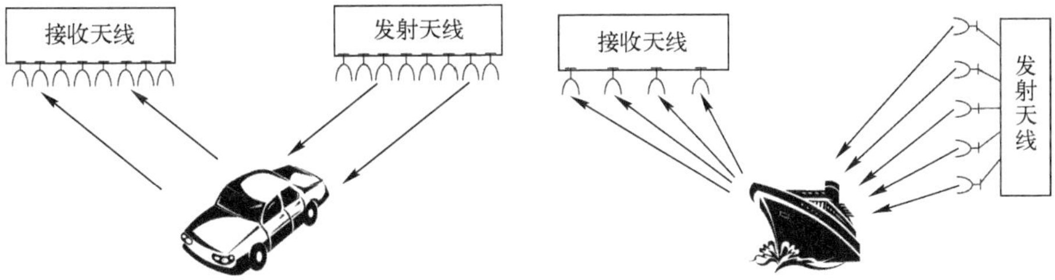

(a) 集中式MIMO雷达　　(b) 分布式MIMO雷达

图 1.3　MIMO 雷达的分类

一般来说，MIMO 雷达系统包含发射传感器和接收传感器，发射传感器拥有发射任意独立波形的能力。在许多方面，MIMO 雷达与 MIMO 通信系统是相通的。但由于雷达系统的任务与通信系统差别很大，在雷达系统众多可能的用途中，最常见的有目标参数估计、检测跟踪和成像等，MIMO 技术明显改善了发射波束的设计。

图 1.4 为 MIMO 雷达基本原理图。由图 1.4 可见，MIMO 雷达获取的信息来自多个传感器，这就克服了单一传感器获取信息有限的缺点，大大改善了系统性能。作为一种新体制雷达，MIMO 雷达能增强雷达抗截获、反摧毁性能；克服目标闪烁特性，提升反隐身效果；提高雷达动态范围，检测更多目标特征信息；提高测角精度、速度分辨率和对杂波的抑制。因此，MIMO 雷达具有重要研究意义。

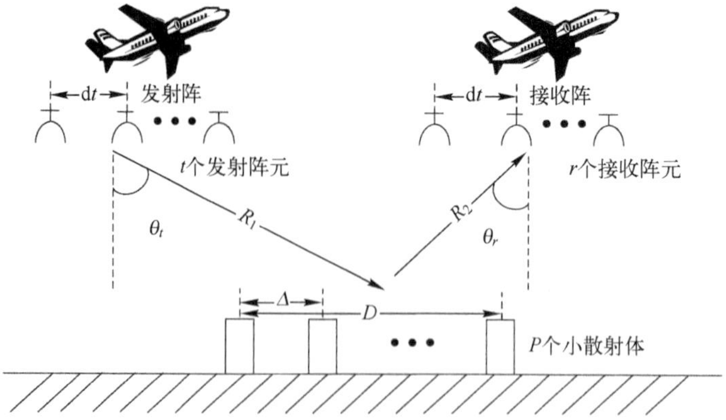

图 1.4　MIMO 雷达基本原理图

将目标视为具有多个散射中心的扩展目标，它在不同散射方向提供回波信号。如图 1.5 所示，d_{T} 和 d_{R} 分别表示发射天线间距和接收天线间距，λ 表示雷达信号的波长，r_{T} 和 r_{R} 分别表示目标到雷达发射端和接收端的距离，D_X 表示目标尺寸，目标可看作孔径为 D_X、阵列后向散射波束宽度为$\dfrac{\lambda}{D_X}$的天线。若 $d_{\mathrm{R}} \geqslant \dfrac{\lambda r_{\mathrm{R}}}{D_X}$，则雷达接收机能接收到目标不同部分回波而形成接收分集；若 $d_{\mathrm{T}} \geqslant \dfrac{\lambda r_{\mathrm{T}}}{D_X}$，则相邻发射天线不在目标波束宽度范围内而形成发射分集。因此，阵元间距是空间分集满足与否的关键所在。

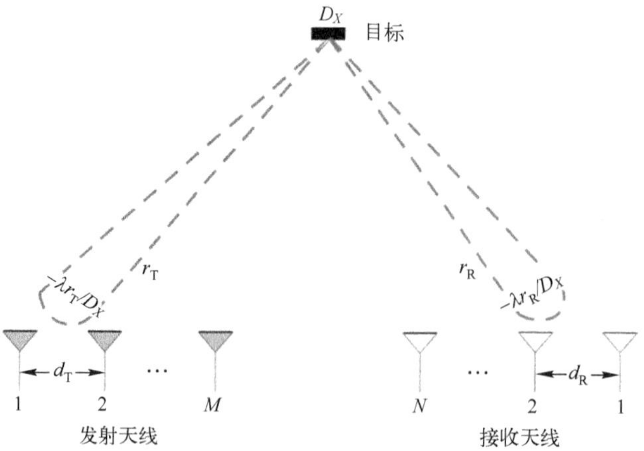

图 1.5　MIMO 雷达空间分集示意图

1.1.2　认知雷达研究背景与意义

随着科技的进步，高科技武器朝着信息化、智能化和多功能化方向发展，而电磁环境也日益复杂，现代战争要求雷达具备更高性能，尤其是在探测距离、跟踪精度和抗干扰等方面的要求。作为电磁频谱里的“千里眼”，现代雷达既要具备传统“四抗”能力，同时又要具备多任务协同处理能力。传统固定工作模式和单一发射波形并不能有效应对这些能力需求，而“智能化”雷达能通过传感器智能地与环境、目标交互以获取信息，并借鉴历史接收数据，在有限的空时频资源下自适应发射波形，有效提升雷达整体性能，实现雷达“千里眼”功能。

作为雷达研究新热点，认知雷达是在对目标和外部环境特性认知的基础上，主动调整发射信号和工作方式，利用信息进行智能化处理，最大限度发挥各种资源效能，预示着雷达未来的发展方向。认知雷达是对蝙蝠等生物探测系统的仿生研究，表 1.1 反映了生物学的认知特性与实际工程系统的对应关系。

表 1.1　生物认知特性与认知雷达的对应关系

认知特性	认知雷达等价特性
感觉	感知
思考、推理、判断、问题解答	专家系统，基于规则的推理、自适应算法和计算
记忆	存储器、环境数据库

认知雷达感知的杂波、干扰、噪声及目标等环境参数信息，可通过对雷达回波统计分析提取，用于更新先验知识。认知雷达学习决策、自适应优化发射的过程，正是依靠这些环境参数和先验知识进行的。

认知雷达拥有发射—接收—发射的闭环系统，在与环境不断交互中调整工作参数以适应环境，使探测性能和信息获取能力达到最佳。Simon Haykin 利用仿生知识，认为认知雷达是具备环境感知能力的智能、动态的反馈系统[4]。Joseph R. Guerci 提出，认知雷达应具有环境动态数据库（EDDB）、自适应发射机、知识辅助（KA）处理等先进单元[5]。

作为认知雷达的重要组成部分，波形设计是雷达能否实现认知能力的关键所在，而现有高新技术手段也为雷达智能优化发射波形创造了条件。出于认知雷达波形设计的重要意义及现实需要，国内外许多实验室和机构大力开展雷达智能化技术研究。本书正是从这点出发，重点研究电子战中，雷达在与目标博弈过程中如何自适应优化发射波形，以确保雷达性能并在电子战博弈中取胜。

1.2 雷达波形设计技术发展

设计合适的雷达发射波形，可有效提高雷达对目标的检测、识别能力，但是究竟使用何种波形优化方法，应考虑雷达实际场景以及任务的限制。当前设计雷达波形可以依据的方法主要有以下几类：①基于模糊函数的设计方法，可以提升雷达分辨率、测量精度和杂波抑制能力；②提升波形自相关、降低互相关性的设计方法，可以实现正交或部分正交信号，用于信号捷变等抗干扰方式；③以最大化信噪比（包括信杂比、信干比等）为目的的设计方法，可用于抗干扰、提高检测性能；④基于信息论和统计理论的设计方法，可基于目标散射特性和杂波响应等先验信息，提升杂波和干扰条件下的雷达检测性能，这种方法在认知雷达思想中得到了应用。

雷达波形设计方法还可以从域的角度进行分类，可分为时域、频域和极化域。在时域，可以设计包括相位编码信号在内的低截获概率信号等；在极化域，可根据场景、目标和抗干扰能力等需求设计信号的极化特性；在频域，可充分利用目标、环境等不同频谱特性，提高雷达回波中目标冲激响应强度，是雷达波形理论的一个重要分支，国内外专家学者对此进行了大量研究，限于篇幅，下面围绕一些重点的研究成果简要罗列。

从信息理论出发，提升目标识别性能，是从波形设计出发改善雷达性能的重要途径，也是认知雷达的最初的思路。1993 年，Bell 首次将信息理论应用于雷达波形设计，通过最大化雷达回波同目标脉冲响应间的互信息量（Mutual Information，MI）准则，提出了雷达信号的频域注水波形设计方法，有效提高了目标识别性能，此后频域注水波形设计方法被广泛应用于雷达波形设计。Leshem 等针对多目标问题对 Bell 基于信息论的注水波形设计方法进行了推广，将目标响应同雷达回波间的互信息量进行线性加权，设计了用于多目标跟踪估计的雷达波形优化方法[6]。

杂波是大多数雷达难以回避的因素。由于杂波信号形式取决于发射波形，难以直接求解杂波条件下雷达优化波形的封闭解析解，因此 Pillai 等针对杂波干扰中的雷达波形设计问题，基于最大化雷达接收端信干噪比（Signal-to-Interference-Plus-Noise Ratio，SINR）准则，提出了一种针对有限持续时间的发射波形和接收滤波器对的数值算法，并根据发射机能量和带宽的实际约束，提出了雷达波形频域优化设计方法[7]。Garren 将 Pillai 等研究的波形优化技术应用于 T-72 和 M1 主战坦克的检测识别，证明了基于 SINR 的雷达波形优化可有效提升雷达检测和识别性能[8]。但是，Kay S. 验证发现 Pillai 等的工作并不能保证收敛到最优解，进而提出了用于检测高斯杂波中高斯点目标的最优波形设计方法[9]。

随着认知雷达概念的推广，研究人员开始从更多的准则和方法入手设计雷达波形。Romero 等重新讨论了优化波形的收敛性问题，分别基于最大化互信息量和信杂噪比（Signal-to-Clutter-plus-Noise Ratio，SCNR）准则，得到了不同场景下的发射波形频域优化表达式，解决了杂波干扰下雷达波形求解问题[10-11]。Stoica 在峰值平均功率比（PAR）的约束下，基于最小化目标散射系数估计的均方误差（Minimum Mean-Square Error，MMSE）准则，提出了一种基于离散信号模型的波形优化方法[12]。为了解决波形优化准则选择的难题，Guo D. 等推导了高斯信道中 MMSE 和互信息量准则之间的数学表达关系[13]。Blum 团队和 Zhang W. 将这两个准则扩展到 SISO 雷达及 MIMO 雷达中并发现：在高斯噪声中，基于 MMSE 和互信息量准则设计的雷达波形是等效的；但在色噪声中，依据二者设计的波形并不相同，但是基于最大化互信息量准则设计的雷达波形和基于归一化目标散射系数估计的均方误差（Normalized Mean-Square Error，NMSE）准则设计的雷达波形具有相似性[14-15]。唐波等基于相对熵和互信息量准则分别设计了色噪声下雷达发射波形，提升了雷达参数估计性能[16]。Chen Chunyang 等基于认知理论，在先验信息已知的条件下，通过最大化 SINR 来优化 MIMO 雷达波形矩阵，提高了雷达对杂波中扩展目标的检测概率[17]。AUBRY 从认知雷达角度出发，结合动态数据库，提出了一种发射—接收联合设计方法，提高了杂波条件下的雷达目标检测性能[18]。Imani S. 等在脉冲压缩输出的积分旁瓣电平和峰值旁瓣电平的实际约束下，研究了具有最大 SINR 的发射波形和接收滤波器的联合设计方法[19]。针对单个准则设计波形难以满足雷达多功能需求的问题，本书作者团队先后提出了基于深层神经网络[20]、长短时记忆网络[21]和卷积神经网络[22]的波形设计方法，通过联合互信息量准则和信干噪比准则，在检测概率和目标识别概率基础上建立最终目标识别率指标，实现了更高的雷达综合性能。

雷达波形优化准则是雷达信号设计的重要指标。目前雷达波形优化采用的主要准则有 SINR、MI、MMES 等，各有其优缺点。基于信息理论互信息量准则设计的雷达波形，可提高雷达在参数估计和目标识别等方面的性能，但对先验信息要求较多（要求噪声、杂波等满足高斯分布），适用性相对较差。基于统计理论的 MMSE、NMSE 等准则适用范围较广，可针对雷达接收数据存在部分未知参数的情况使用，但在信号相关干扰中性能表现不佳。采用 SNR、SCNR、SINR 等准则设计的雷达波形，可提高雷达对目标的检测概率，通过建立雷达发射机与接收机之间的关系，简化雷达回波数学模型，优化求解过程，降低能量扩散损失，在杂波条件下表现相对稳定。

1.3 博弈理论及在雷达领域应用

随着雷达干扰与抗干扰技术的快速发展，雷达与干扰机间对抗日趋激烈，不仅雷达可自适应优化发射波形，而且敌方干扰机也能够针对雷达波形智能地产生干扰信号。雷达和干扰机之间你来我往的对抗，是一个动态演进的过程，这意味着雷达和干扰机双方进入了相互博弈的状态。本书就是从博弈论的角度出发研究雷达和干扰的波形对抗问题。

博弈论也称为对策论，最初起源于人们对象棋、桥牌和赌博中的胜负问题的研究。早在4000年前，博弈论就已经被应用于古代围棋及早期的商品交易环节。随着现代数学的发展，博弈理论逐渐从理论化向实际化发展，被广泛应用于经济学、政治学、生物学、军事学等领域。

通常认为，现代博弈理论体系诞生于1928年，由“博弈论之父”冯·诺依曼（John von Neumann）首先定义了博弈论的基本要素与组合形式。1944年，冯·诺依曼和摩根斯坦（Oscar Morgenstern）共著的《博弈论与经济行为》，将博弈理论系统地应用于经济领域，并将二人博弈推广到多人博弈，奠定了这一学科的理论基础和体系应用，成为研究博弈理论的划时代巨著。1950—1951年，纳什（John Forbes Nash Jr）利用不动点理论证明了博弈均衡解的存在性，并在其代表性论文《N人博弈的均衡点》《非合作博弈》中，给出了博弈纳什均衡的概念和证明，为非合作博弈问题的求解提供了解决方案。1965年，泽尔腾（Reinhard Selten）在《一个具有需求惯性的寡头博弈模型》中指出，寡头模型中博弈可能存在多种均衡，正式定义了寡头博弈中最优的均衡解为子博弈精炼均衡，剔除了纳什均衡中包含的不可置信地威胁策略，使得纳什均衡更具说服力。1967—1968年，海萨尼（John C. Harsanyi）在《贝叶斯参与人完成的不完全信息博弈》中首次将不完全信息博弈引入博弈理论体系，提出了一种将不完全信息博弈转换为完全但不完美信息的博弈方法，极大地拓展了博弈论的应用体系范围[23]。

从博弈理论可知，一个博弈环节可由参与者、行动策略、效用函数和博弈均衡解等基本要素组成，如表1.2所列。根据不同参与者间的相互作用，博弈可分为合作博弈和非合作博弈。在雷达与干扰机的博弈过程中，雷达期望获得尽可能多的目标信息，而干扰机则是尽可能降低雷达探测和跟踪等性能，达到隐藏和保护目标的目的。二者的目标函数完全对立，故二者的相互博弈过程可归纳为二元零和的非合作博弈。

表 1.2 博弈的要素及基本概念

参与者	博弈的决策主体，通过选择行动策略，最大化自身利益。每一个拥有决策权的玩家都是参与者
策略	既定信息情况下参与者的行动规则，规定了参与者在何时进行何种行动。一个参与者所有可选择的策略集合就是该参与者的策略空间
效用	在特定策略组合下参与者的利益得失，或其得到的期望效益。在一个策略集合下，所有参与者的效用就构成一个效用集合
均衡	所有参与者达到的最优策略的组合。在博弈均衡时，任何参与者都不能通过单方面改变行动策略，提高自己的效用函数

在不同的参数作用下，非合作博弈又可分为完全信息静态博弈、完全信息动态博弈、不完全信息静态博弈和不完全信息动态博弈等。对这些博弈类型的通俗理解就是：在“囚徒困境”中，两个囚犯同时决策，知道对方可能选择的所有策略以及所有选择带来的结果，拥有对手的完全信息，属于完全信息静态博弈；在象棋游戏中，参与者均知晓游戏规则，对局势及对手信息完全了解，只在决策和行动中有先后顺序，属于完全信息动态博弈；在桥牌游戏中，参与者并不知道其他对手手中的牌，需要对其他对手的牌进行粗略估计，属于不完全信息动态博弈。

近年来，随着电子战技术的发展，雷达和干扰间的对抗日益激烈，这种激烈的动态对抗使得传统的干扰和抗干扰方式的灵活应对能力受到了很大挑战。为了更好地描述二者间的对抗过程，从而更好地决策干扰或抗干扰手段，国内外很多学者逐步将博弈理论应用进来，尤其是在雷达波形设计领域。

（1）雷达波形设计。Gogineni 将博弈论应用于雷达领域，针对不同目标类型，研究了 MIMO 雷达极化波形设计方案[24-25]。为了提高雷达网络的 SINR，Piezzo 基于非合作博弈理论设计了雷达网络的编码波形，并证明了雷达网络中纳什均衡的存在性[26]。针对集中式 MIMO 雷达，Keyong Han 从跳频信号角度出发，基于博弈纳什（Nash）均衡设计了跳频波形[27-28]。针对多基地 MIMO 雷达网络相干性问题，Panoui 基于广义纳什均衡设计了雷达波形选择算法，并证明了在存在估计误差的情况下，均衡算法仍具有收敛性，实验表明博弈波形与随机波形相比具有优越的性能[29-30]。

（2）雷达功率分配和控制。Bacci G. 基于博弈理论提出了雷达传感器网络分布式功率控制算法，有效减少了能量消耗[31]。针对分布式 MIMO 雷达功率分配问题，Anastasios Deligiannis 分别基于广义古诺（Cournot）纳什均衡、斯塔克尔伯格（Stackelberg）纳什均衡及贝叶斯（Bayasian）纳什均衡等多个博弈模型求解了各基地雷达间的功率分配策略，实现高 SINR 增益，节约了功率资源[32-35]。Shi Chenguang 将分布式 MIMO 雷达网络系统分别建模为合作博弈和非合作博弈模型，设计了具有帕累托最优均衡的自适应功率分配算法，在低截获概率（Low Probability of Intercept，LPI）条件下有效提高了雷达对目标检测性能[36-38]。

（3）雷达和干扰机反复迭代的对抗过程。康涅狄格大学的 Xiufeng Song 对 MIMO 雷达与干扰机间的相互作用展开了研究，将 MIMO 雷达与干扰机间的相互作用建模为二元零和博弈模型，根据电子战中雷达和干扰先后行动顺序，以最大化雷达接收信号与目标间的 MI 为优化准则，基于 Stackelberg 博弈模型，提出了雷达信号与目标干扰博弈对抗的两步注水优化方法[39-40]。清华大学的高昊从信息不完全获取的角度出发，建立 Bayesian 博弈模型，并进行了分布式 MIMO 雷达的天线能量分配优化[41]。西安电子科技大学的李康等人以马尔可夫决策过程为基础，将深度强化学习技术应用到主瓣干扰条件下的频率捷变决策选择，大幅提升了干扰条件下雷达性能[42]。

上述文献对雷达与干扰机间的博弈现象展开研究，但存在着几点不足：第一，很多研究只考虑干扰，而没有考虑噪声和杂波的影响，但是环境中每个因素都可能对博弈对抗的结果产生影响，应该尽可能多地考虑进来；第二，现有对博弈理论在雷达领域的研究不够全面，很多研究针对某一种情况，研究一种或几种博弈模型的应用，缺乏系统性研究，难以对博弈理论在雷达领域应用产生基础性推动作用。

1.4 本书内容结构

本书旨在通过研究博弈条件下雷达发射端波形频域特征优化设计，提高干扰条件下单天线雷达和 MIMO 雷达等的目标检测性能，进而提升复杂战场环境中雷达探测、跟踪和识别能力。

全书共分 11 章，各章具体内容安排如下。

第 1 章为绪论。本章概述了雷达发展历程，总结概括了当前雷达波形设计方法和博弈理论在雷达领域的应用研究现状，并对本书内容进行简要概括。

第 2 章为雷达信号模型基础。首先在杂波、噪声和干扰共存的条件下，从频域的角度推导了雷达接收端对已知目标及随机扩展目标的 SINR 数学表达式。然后设计了雷达回波概率密度函数（Probability Density Function，PDF）已知的 NP 检测器和 PDF 未知的贝叶斯检测器，其中：在 NP 检测器中，当虚警概率确定时，检测概率同 SINR 正相关；而在贝叶斯检测器中，通过假定未知参数可将其转换为 NP 检测器。最后介绍了博弈论的基本要素，为构建雷达与干扰机博弈模型打下基础。

第 3 章为完全信息条件下单天线雷达与干扰 Stackelberg 博弈。首先从 SINR 的角度推导了杂波环境中雷达及干扰机的通用注水波形优化方法；然后基于静态 Stackelberg 博弈模型，将雷达视为博弈主导者，设计了干扰条件下单天线雷达二次注水波形优化方法；最后仿真对比了干扰条件下线性调频信号、通用注水优化信号和二次注水信号对已知扩展目标的检测性能，验证了基于博弈理论的波形设计方法的有效性。

第 4 章为完全信息条件下单天线雷达和干扰 Rubinstein 博弈。首先构建了雷达与干扰动态 Rubinstein 博弈模型；然后重点研究了 Rubinstein 博弈中纳什均衡现象，通过数学推导论证了纳什均衡解的存在性，并基于纳什均衡设计了多次迭代的雷达波形优化方法；最后仿真验证了雷达和干扰机博弈存在纳什均衡现象，并对迭代注水波形和二次注水波形进行性能对比，验证所提方法的抗干扰性能。

第 5 章为不完全信息条件下单天线雷达与干扰 Bayesian 博弈。首先基于不完全信息博弈理论，构建了单天线雷达同干扰机 Bayesian 博弈模型，以目标概率集合的形式对未知目标进行替代；然后将第 3 章和第 4 章研究的波形设计方法引入不完全信息博弈中，通过仿真分析了不完全信息条件下纳什均衡解的收敛性；最后在实验中分析了不完全信息条件下波形设计方法对于雷达检测端的适用情况。

第 6 章为杂波和干扰下认知 MIMO 雷达波形优化设计。首先推导了雷达在杂波及干扰环境中优化雷达发射波形的通用注水法；然后通过仿真比较白噪声干扰和相关噪声干扰环境中波形优化，并分析了不同仿真参数对互信息量及雷达性能方面的影响；最后对不同性能天线在电子战中损毁时的情况进行了说明。

第 7 章为 Stackelberg 博弈条件下基于互信息量准则的 MIMO 雷达波形优化设计。首先基于第 3 章的通用注水法研究单方面博弈的情况；然后重点研究杂波背景中分等级的 Stackelberg 博弈通过新的两步注水算法达到均衡时目标占优和雷达占优的优化方案，以及天线损坏时均衡点的再次优化实现；最后仿真比较了两种优化方案的差别，并对强弱杂波的不同影响进行对比。

第 8 章为 Stackelberg 博弈条件下基于 MMSE 准则的 MIMO 雷达波形优化设计。首先基于 MMSE 准则提出了设计雷达最优波形矩阵时目标与噪声的两种向量匹配顺序；然后从 MMSE 角度分析了雷达与目标间的 Stackelberg 博弈，在第 4 章两步注水算法基础上，得到 Stackelberg 均衡中不同向量匹配顺序下的博弈方案；最后仿真比较了两种向量匹配顺序对于 Stackelberg 博弈的适用情况。

第9章为基于强化学习的雷达波形优化设计。首先通过分析雷达与干扰间动态对抗的电磁环境，基于目标响应、干扰信号和机载雷达发射波形的频谱特征，引入强化学习思想，基于马尔可夫决策过程建立雷达与干扰间的博弈模型；然后依据雷达SJNR设置奖励函数，基于策略迭代算法实现雷达频域最优抗干扰波形策略生成；最后基于迭代变换法合成最优策略的恒模时域信号，有效提升雷达抗干扰性能。

第10章为基于深度强化学习的雷达波形优化设计。首先基于认知雷达思想，建立机载雷达与干扰间的马尔可夫决策过程动态对抗模型，融合利用杂波响应、目标特征、干扰信号和雷达信号频谱特征等环境信息；然后建立深度神经网络，利用感知的环境信息进行学习训练；最后基于D3QN算法实现机载雷达动作的奖励值计算和最优抗干扰波形策略的选择。

第11章为总结和展望，对全书的内容进行了概括和总结，分析了本书研究的不足之处，并对未来可开展的工作进行了展望。

参考文献

[1] Merrill I Skolnik. 雷达手册（第三版）[M]. 南京电子技术研究所，译. 北京：电子工业出版社，2010.

[2] Fishler E, Haimovich A, Blum R S, et al. MIMO Radar: an idea whose time has come [C]. Proc. IEEE Radar Conference, 2004, 4: 71-78.

[3] Li J, Stoica P. MIMO Radar signal processing [M]. New Jersey: John Willey&Sons, 2009.

[4] Haykin S. Cognitive radar: a way of the future [J]. IEEE Signal Processing Magazine, 2006, 23 (1): 30-40.

[5] Guerci J R. Cognitive radar: A knowledge-aided fully adaptive approach [C]. Radar Conference. IEEE, 2010: 1365-1370.

[6] Leshem A, Naparstek O, Nehorai A. Information Theoretic Adaptive Radar Waveform Design for Multiple Extended Targets [J]. IEEE Journal of Selected Topics in Signal Processing, 2007, 1 (1): 42-55.

[7] Pillai S U, Li K Y, Beyer H. Waveform design optimization using bandwidth and energy considerations [C]. 2008 IEEE Radar Conference, Rome, Italy, 2008: 1-5.

[8] Garren D A, Osborn M K, Odom A C, et al. Enhanced target detection and identification via optimised radar transmission pulse shape [J]. IEE Proceedings-Radar Sonar and Navigation, 2001, 148 (3): 130-138.

[9] Kay S. Optimal signal design for detection of Gaussian point targets in stationary Gaussian clutter/reverberation [J]. IEEE Journal of Selected Topics in Signal Processing, 2007, 1 (1): 31-41.

[10] Romero R, Goodman N A. Information-theoretic matched waveform in signal dependent

interference [C]. 2008 IEEE Radar Conference, Rome, Italy, 2008: 1-6.

[11] Romero R A, Bae J, Goodman N A. Theory and Application of SNR and Mutual Information Matched Illumination Waveforms [J]. IEEE Transactions on Aerospace and Electronic Systems, 2011, 47 (2): 912-927.

[12] Stoica P, He H, Li J. Optimization of the Receive Filter and Transmit Sequence for Active Sensing [J]. IEEE Transactions on Signal Processing, 2012, 60 (4): 1730-1740.

[13] Guo D, Shamai S, Verdu S. Mutual Information and Minimum Mean-square Error in Gaussian Channels [J]. IEEE Transactions on Information Theory, 2004, 51 (4): 1261-1282.

[14] Yang Y, Blum R. MIMO radar waveform design based on mutual information and minimum mean-square error estimation [J]. IEEE Transactions on Aerospace and Electronic Systems, 2007, 43 (1): 330-343.

[15] Zhang W, Yang L. Communications-inspired sensing: a case study on waveform design [J]. IEEE Transactions on Signal Processing, 2010, 58 (2): 792-803.

[16] Tang B, Tang J, Peng Y. MIMO Radar Waveform Design in Colored Noise Based on Information Theory [J]. IEEE Transactions on Signal Processing, 2010, 58 (9): 4684-4697.

[17] Chen C Y, Vaidyanathan P P. MIMO Radar Waveform Optimization with Prior Information of the Extended Target and Clutter [J]. IEEE Transactions on Signal Processing, 2009, 57 (9): 3533-3544.

[18] AUBRY A, DEMAIO A, FARINA A, et al. Knowledge-aided (potentially cognitive) transmit signal and receive filter design in signal-dependent clutter [J]. IEEE Transactions on Aerospace and Electronic Systems, 2013, 49 (1): 93-117.

[19] Imani S, Nayebi M M, Ghorashi S A. Colocated MIMO Radar SINR Maximization Under ISL and PSL Constraints [J]. IEEE Signal Processing Letters, 2018, 25 (3): 422-426.

[20] 赵俊龙，李伟，王泓霖，等．基于深层神经网络的雷达波形设计 [J]．空军工程大学学报，2020，21 (1)：52-57.

[21] 赵俊龙，李伟，王泓霖，等．基于长短时记忆网络的雷达波形设计 [J]．系统工程与电子技术，2021，43 (2)：376-382.

[22] 赵俊龙，李伟，甘奕夫，等．杂波条件下利用 1D-CNN 的认知雷达波形设计 [J]．西安交通大学学报，2021，55 (4)：69-76.

[23] 朱·弗登伯格，让·梯诺尔．博弈论 [M]．北京：中国人民大学出版社，2010.

[24] Gogineni S, Nehorai A. Game theoretic design for polarimetric MIMO radar target detection [J]. Signal Processing, 2012, 92 (5): 1281-1289.

[25] Gogineni S, Nehorai A. Polarimetric MIMO radar target detection using game theory [C]. IEEE International Workshop on Computational Advances in Multi-sensor Adaptive Processing. IEEE, 2011.

[26] Piezzo M, Aubry A, Buzzi S, et al. Non-cooperative code design in radar networks: A game-theoretic approach [J]. Journal on Advances in Signal Processing, 2013 (1): 63.

[27] Han K, Nehorai A. Jointly optimal design for MIMO radar frequency-hopping waveforms using game theory [J]. IEEE Transactions on Aerospace & Electronic Systems, 2016, 52 (2): 809-820.

[28] Han K, Nehorai A. Joint frequency-hopping waveform design for MIMO radar estimation using game theory [C]. 2013 IEEE Radar Conference (RadarCon13), Ottawa, ON, Canada, 2013: 1-4.

[29] Panoui A, Lambotharan S, Chambers J A. Game theoretic distributed waveform design for multistatic radar networks [J]. IEEE Transactions on Aerospace and Electronic Systems, 2016, 52 (4): 1855-1865.

[30] Panoui A, Lambotharan S, Chambers J A. Waveform allocation for a MIMO radar network using potential games [C]. 2015 IEEE Radar Conference (RadarConf15). IEEE, 2015.

[31] Bacci G, Sanguinetti L, Greco M S, et al. A game-theoretic approach for energy-efficient detection in radar sensor networks [C]. 2012 IEEE 7th Sensor Array and Multichannel Signal Processing Workshop (SAM), Hoboken, NJ, USA, 2012: 157-160.

[32] Deligiannis A, Lambotharan S, Chambers J A. Game theoretic analysis for MIMO radars with multiple targets [J]. IEEE Transactions on Aerospace and Electronic Systems, 2016, 52 (6): 2760-2774.

[33] Deligiannis A, Rossetti G, Panoui A, et al. Power allocation game between a radar network and multiple jammers [C]. 2016 IEEE Radar Conference (RadarConf), Philadelphia, PA, USA, 2016: 1-5.

[34] Deligiannis A, Panoui A, Lambotharan S, et al. Game-Theoretic Power Allocation and the Nash Equilibrium Analysis for a Multistatic MIMO Radar Network [J]. IEEE Transactions on Signal Processing, 2017, 65 (24): 6397-6408.

[35] Deligiannis A, Lambotharan S. A Bayesian game theoretic framework for resource allocation in multistatic radar networks [C]. 2017 IEEE Radar Conference (RadarConf), Seattle, WA, USA, 2017: 0546-0551.

[36] Shi C, Salous S, Wang F, et al. Power allocation for target detection in radar networks based on low probability of intercept: A cooperative game theoretical strategy [J]. Radio Science, 2017, 52 (8): 1030-1045.

[37] Shi C, Wang F, Sellathurai M, et al. Non-cooperative game-theoretic distributed power control technique for radar network based on low probability of intercept [J]. IET Signal Processing, 2018, 12 (8): 983-991.

[38] Shi C, Wang F, Sellathurai M, et al. Non-Cooperative Game Theoretic Power Allocation Strategy for Distributed Multiple-Radar Architecture in a Spectrum Sharing Environment [J]. IEEE Access, 2018, 6: 17787-17800.

[39] Song X, Willett P, Zhou S, et al. The MIMO Radar and Jammer Games [J]. IEEE Transactions on Signal Processing, 2012, 60 (2): 687-699.

[40] Song X, Willett P, Zhou S, et al. The power game between a MIMO radar and jammer [C]. IEEE International Conference on Acoustics, Speech and Signal Processing (ICASSP), Kyoto, Japan, 2012: 5185-5188.

[41] Gao H, Wang J, Jiang C, et al. Equilibrium between a statistical MIMO radar and a jammer [C]. 2015 IEEE Radar Conference (RadarCon), Arlington, VA, USA, 2015: 0461-0466.

[42] Li K, Jiu B, Wang P H, et al. Radar active antagonism through deep reinforcement learning: A Way to address the challenge of mainlobe jamming [J]. Signal Processing, 2021, 186: 108130.

第2章　雷达信号模型基础

本章对单天线雷达和 MIMO 雷达波形设计所涉及的相关原理知识进行讨论，首先给出单天线雷达信号模型，然后给出集中式和分布式两种 MIMO 雷达信号模型，最后阐述分析用于波形设计的雷达假设检验模型。

2.1　单天线雷达信号模型

本节针对噪声、杂波及干扰存在的复杂电子环境，构建单天线雷达信号发射—接收模型，针对已知目标、有限时间随机扩展目标，从功率谱密度（Power Spectral Density，PSD）的角度推导雷达回波中的 SINR 表示式。

2.1.1　已知目标的雷达回波 SINR 表示

图 2.1 和图 2.2 分别展示了单天线雷达面临的战场环境和雷达发射—接收信号框图。设雷达发射与接收信号分别为 $x(t)$ 与 $y(t)$，信号带宽和能量为 W 与 E_S。目标脉冲响应 $h(t)$ 为持续时间 T_h 的已知模型，$r(t)$ 为接收滤波器脉冲响应，令 $H(f)$ 与 $R(f)$ 分别为 $h(t)$ 与 $r(t)$ 的傅里叶变换。噪声 $n(t)$ 为零均值高斯信道过程，其功率谱密度为 $S_{nn}(f)$，在带宽 W 内不为零。杂波 $c(t)$ 为非高斯随机过程，功率谱密度 $S_{cc}(f)$ 在 W 内不为常数。能量约束 E_J 的干扰机信号为 $j(t)$，其功率谱密度为 $J(f)$。

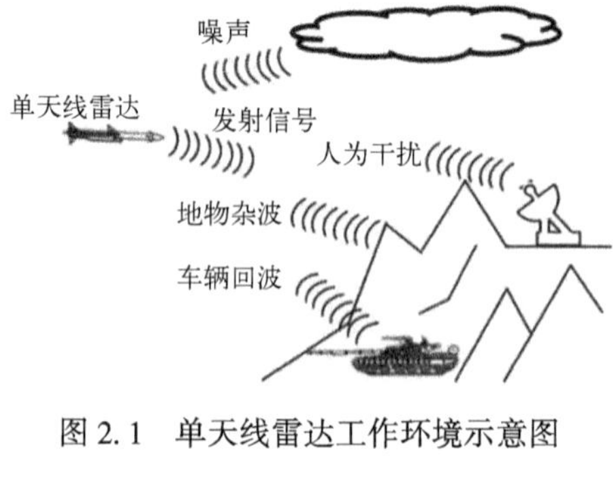

图 2.1　单天线雷达工作环境示意图

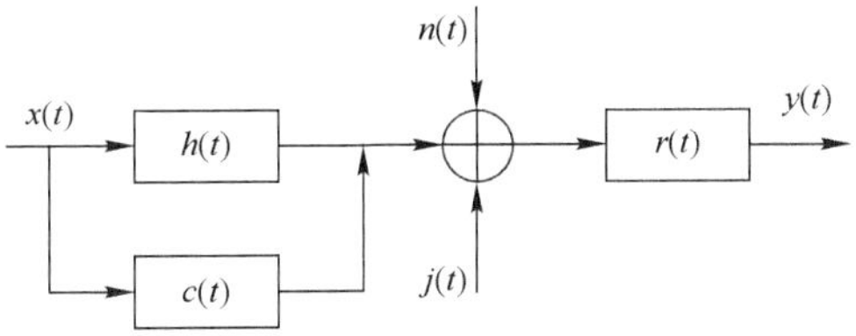

图 2.2　雷达发射—接收框图

假设雷达发射波形 $x(t)$ 是傅里叶变换为 $X(f)$ 的复值基带信号，持续时间为 T，则发射信号的总能量为

$$E_S=\int_{-\infty}^{\infty}|X(f)|^2\mathrm{d}f \tag{2-1}$$

根据图 2.2 的信号模型，雷达接收机端回波信号 $y(t)$ 可以表示为

$$y(t)=r(t)*(x(t)*h(t)+x(t)*c(t)+n(t)+j(t)) \tag{2-2}$$

式中：$*$ 为卷积运算。雷达回波中的信号分量和干扰分量可分别表示为

$$y_s(t)=r(t)*(x(t)*h(t)) \tag{2-3}$$

$$y_i(t)=r(t)*(x(t)*c(t)+n(t)+j(t)) \tag{2-4}$$

则 t_0 时刻雷达接收端的 SINR 为

$$\mathrm{SINR}_{t_0}=\frac{|y_s(t_0)|^2}{\mathrm{E}[|y_i(t_0)|^2]}=\frac{\left|\int_{-\infty}^{+\infty}R(f)H(f)X(f)\mathrm{e}^{\mathrm{j}2\pi ft_0}\mathrm{d}f\right|^2}{\int_{-\infty}^{+\infty}|R(f)|^2(S_{cc}(f)|X(f)|^2+S_{nn}(f)+J(f))\mathrm{d}f} \tag{2-5}$$

式中：非斜体 E[·]表示函数的数学期望运算符。

设

$$L(f)=S_{cc}(f)|X(f)|^2+S_{nn}(f)+J(f) \tag{2-6}$$

将式（2-6）代入式（2-5）中，SINR 可简化为

$$\mathrm{SINR}_{t_0}=\frac{\left|\int_{-\infty}^{+\infty}R(f)\sqrt{L(f)}\frac{H(f)X(f)}{\sqrt{L(f)}}\mathrm{e}^{\mathrm{i}2\pi ft_0}\mathrm{d}f\right|^2}{\int_{-\infty}^{+\infty}|R(f)|^2L(f)\mathrm{d}f} \tag{2-7}$$

式中：i 表示复值信号的虚数部分。应用柯西-施瓦兹不等式[1]可求解式（2-7）的边界条件为

$$\mathrm{SINR}_{t_0}\leqslant\frac{\int_{-\infty}^{+\infty}|R(f)|^2L(f)\mathrm{d}f\int_{-\infty}^{+\infty}\frac{|H(f)X(f)|^2}{L(f)}\mathrm{d}f}{\int_{-\infty}^{+\infty}|R(f)|^2L(f)\mathrm{d}f} \tag{2-8}$$

当且仅当雷达接收端滤波器参数设置为

$$R(f)=\frac{[kH(f)X(f)\mathrm{e}^{\mathrm{i}2\pi ft_0}]^*}{|X(f)|^2S_{cc}(f)+S_{nn}(f)+J(f)} \tag{2-9}$$

式中：k 为任意常数。此时，雷达 SINR 取得最大值，有

$$\mathrm{SINR}_{t_0}=\int_{-\infty}^{+\infty}\frac{|H(f)X(f)|^2}{L(f)}\mathrm{d}f \tag{2-10}$$

假设雷达发射信号受信号带宽 W 所限，接收端 SINR 在频域可表示为

$$\mathrm{SINR}_{t_0}\simeq\int_W\frac{|H(f)|^2|X(f)|^2}{S_{cc}(f)|X(f)|^2+S_{nn}(f)+J(f)}\mathrm{d}f \tag{2-11}$$

此时，雷达发射波形的能量约束为

$$\int_W|X(f)|^2\mathrm{d}f\leqslant E_S \tag{2-12}$$

2.1.2 随机目标的雷达回波 SINR 表示

目标脉冲响应函数可建模为随机过程，基于最大化随机目标与接收回波间的互信息量，即可得到新的匹配波形[2]。在很多文献中，随机目标冲激响应建模为无限时间过程[3-5]，但实际中，随机过程更应该为有限能量限制的有限持续时间过程[6]。假设随机扩展目标 $h(t)$ 为有限持续时间 T_h 过程，在区间 $[0,T_h]$ 内为平稳过程，在区间外为零，该信号可由基本信号模型构成，如图 2.3 所示，其中：$g(t)$ 为广义平稳过程；$a(t)$ 为长度为 T_h 的矩形窗函数。值得说明的是，对于基于 SINR 准则的雷达波形优化，该过程不必为高斯分布。

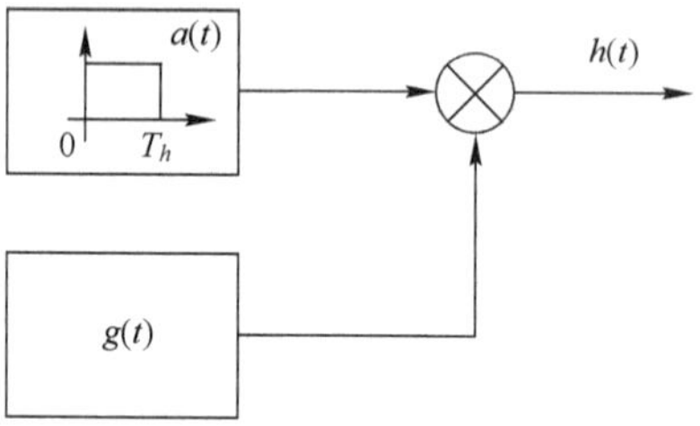

图 2.3　有限时间随机目标信号框图

由图 2.3 可知 $h(t)=a(t)g(t)$ 是一个有限时间的随机过程，仅在 $[0,T_h]$ 中存在，由于 $g(t)$ 是广义平稳的，因此 $h(t)$ 在 $[0,T_h]$ 内局部平稳[7-9]。$h(t)$ 是一个有限能量过程，可以假设 $h(t)$ 在任何情况下都是可积的，对于任何一个样本函数 $h(t)$，存在相应的傅里叶变换 $H(f)$，满足

$$E_h=\int_{T_h}|h(t)|^2\mathrm{d}t=\int_{-\infty}^{\infty}|H(f)|^2\mathrm{d}f \tag{2-13}$$

则在$[0,T_h]$区间内的时间平均功率 P_h 可表示为

$$P_h = \frac{1}{T_h}\int_{T_h} |h(t)|^2 \mathrm{d}t = \frac{1}{T_h}\int_{-\infty}^{\infty} |H(f)|^2 \mathrm{d}f \tag{2-14}$$

式中：$H(f)$ 可看作随机传递函数 $\boldsymbol{H}(f)$ 的一个样本实现，其中 $\boldsymbol{H}(f)$ 为 $h(t)$ 对应的傅里叶变换。接下来对目标冲激响应 $h(t)$ 在频域上的平均能量进行分析求解，有

$$\overline{E}_h = \int_{T_h} E[\,|h(t)|^2\,]\mathrm{d}t = \int_{-\infty}^{\infty} E[\,|\boldsymbol{H}(f)|^2\,]\mathrm{d}f \tag{2-15}$$

值得注意的是，式（2-15）为能量值，并非功率值，因此 $E[\,|\boldsymbol{H}(f)|^2\,]$ 并不能描述一个典型随机过程的功率谱密度。由于全过程的平均功率只在区间$[0,T_h]$内定义，可对式（2-15）求时间平均值得到，有

$$\overline{P}_h = \frac{1}{T_h}\int_{T_h} E[\,|h(t)|^2\,]\mathrm{d}t = \frac{1}{T_h}\int_{-\infty}^{\infty} E[\,|\boldsymbol{H}(f)|^2\,]\mathrm{d}f \tag{2-16}$$

观察式（2-15）和式（2-16），能量谱密度（Energy Spectral Density，ESD）可定义为

$$\xi_H(f) = E[\,|\boldsymbol{H}(f)|^2\,] \tag{2-17}$$

假设随机传递函数的均值为

$$\mu_H(f) = E[\boldsymbol{H}(f)] \tag{2-18}$$

可定义 $\boldsymbol{H}(f)$ 的方差为

$$\sigma_H^2(f) = E[\,|\boldsymbol{H}(f) - \mu_H(f)|^2\,] \tag{2-19}$$

式（2-19）也称为能量谱方差（Energy Spectrum Variance，ESV）。ESV 被用来描述有限时间、零均值过程的平均能量，就像功率谱密度被用于描述无限时间、广域平稳过程的平均能量一样。当 $\boldsymbol{H}(f)$ 的均值 $\mu_H(f)$ 为零的情况下，ESV 就等价于 ESD。

假设函数 $\mu_H(f)$ 均值为零，根据式（2-18）和式（2-19），可定义功率谱方差（Power Spectrum Variance，PSV）为

$$\rho_H(f) = \frac{\sigma_H^2(f)}{T_h} = \frac{E[\,|\boldsymbol{H}(f)|^2\,]}{T_h} \tag{2-20}$$

将式（2-20）代入式（2-16）得

$$\overline{P}_h = \int_{-\infty}^{\infty} \frac{E[\,|\boldsymbol{H}(f)|^2\,]}{T_h}\mathrm{d}f = \int_{-\infty}^{\infty} \rho_H(f)\,\mathrm{d}f \tag{2-21}$$

由式（2-21）可知，有限持续过程的时间平均功率 $\overline{P_h}$ 由其 PSV 描述，而非功率谱密度。这是因为有限时间过程 $h(t)$ 不是功率信号，不能用功率谱密度对函数进行描述；同时，Wiener-Khintchine 定理[10] 仅为$[-\infty,\infty]$区间内存

在自相关的随机过程定义了功率谱密度，而 $\rho_H(f)$ 是 ESV 在时间尺度上的表现，包含着区间 $[0,T_h]$ 中的临界功率信息。

由于 $h(t)$ 在区间 $[0,T_h]$ 内平稳，$E[|h(t)|^2]$ 在该区间内恒定，因此，时间平均功率为

$$\overline{P}_h = E[|h(t)|^2] = \int_{-\infty}^{\infty} \rho_H(f)\,\mathrm{d}f \tag{2-22}$$

由于发射波形与目标响应进行卷积，因此必须建立有限时间过程的线性系统模型。假设 $z(t)$ 为雷达发射信号 $x(t)$ 与随机目标 $h(t)$ 卷积得到的随机输出。对于给定的目标 $h(t)$，傅里叶变换为 $H(f)$，有

$$z(t)=x(t)*h(t)\leftrightarrow Z(f)=X(f)H(f) \tag{2-23}$$

因此有

$$E[|z(t)|^2]=E[|x(t)*h(t)|^2] \tag{2-24}$$

$$E[|\boldsymbol{Z}(f)|^2]=E[|X(f)|^2|\boldsymbol{H}(f)|^2] \tag{2-25}$$

与真实的平稳随机过程同矩形窗相乘形成的 $E[|h(t)|^2]$ 不同的是，$E[|z(t)|^2]$ 是有限时间随机脉冲响应同有限时间波形卷积的结果，在区间 $[0,T+T_h]$ 内不为常数。在任何给定的时间区间内，期望输出功率取决于与脉冲响应重叠的特定发射波形部分，故当 $E[|z(t)|^2]$ 随时间变化时，其卷积过程很明显有一个上升和下降的周期。因此 $E[|z(t)|^2]$ 在其区间内是非平稳的，不能定义一个在该区间内对所有时间都有效的平均功率常数，不能为 $z(t)$ 卷积输出给出类似于式（2-22）的形式。这一事实使得许多学者在设计针对随机目标的发射波形时不得不使用近似值进行计算[11-18]。Romero 等针对此类问题，提出从能量谱方差的角度进行求解[14]。根据式（2-25）可定义随机过程的输出 ESV 为

$$\sigma_Z^2(f)=|X(f)|^2\sigma_H^2(f) \tag{2-26}$$

根据式（2-20）和式（2-26），定义时间平均功率谱方差为

$$\rho_Z(f)=\frac{\sigma_Z^2(f)}{T_z}=\frac{|X(f)|^2\sigma_H^2(f)}{T_z}=\alpha|X(f)|^2\rho_H(f) \tag{2-27}$$

$$T_z=T+T_h,\quad \alpha=T_h/T_z$$

考虑目标为真高斯随机过程时的信噪比（SNR）表达式，可以使用信噪比的近似表达式，对于一个真实随机信号 $g(t)$，设其功率谱密度为 $S_{gg}(f)$，在噪声 $n(t)$ 中它的局部信噪比为

$$\mathrm{SNR} = \int_{-\infty}^{\infty} R_{\mathrm{SNR}}(f)\,\mathrm{d}f = \int_{-\infty}^{\infty} \frac{S_{gg}(f)}{S_{nn}(f)}\mathrm{d}f \tag{2-28}$$

式中：$R_{\mathrm{SNR}}=S_{gg}(f)/S_{nn}(f)$ 为信噪比谱密度。在信号相关干扰中真实随机目标

脉冲响应同发射波形卷积得到目标回波，因此，SINR 谱密度可表示为

$$R_{\mathrm{SINR}(f)}=\frac{S_{gg}(f)\,|X(f)|^2}{S_{cc}(f)\,|X(f)|^2+S_{nn}(f)+J(f)} \tag{2-29}$$

输出信号在任何观测区间内都是平稳的，因此在测量区间 T_0 内综合 SINR 可表示为

$$\mathrm{SINR}=T_0\int_{-\infty}^{\infty}\frac{S_{gg}(f)\,|X(f)|^2}{S_{cc}(f)\,|X(f)|^2+S_{nn}(f)+J(f)}\mathrm{d}f \tag{2-30}$$

由于目标 $h(t)$ 具有有限的持续时间，可利用随机扩展目标模型的谱方差函数逼近式（2-30），假设雷达接收机端为理想低通滤波器，持续时间 T_r 可忽略不计，则输出信号 $y(t)$ 的卷积时间为 $T_y=T+T_h$。将真实的目标功率谱密度替换为式（2-27）中的 PSV，在其区间 T_y 内对回波信号 $y(t)$ 进行观察，为使 SINR 能有效适用于给定的信号相关干扰中有限时间持续扩展目标，将式（2-30）修改为

$$\mathrm{SINR}=T_y\int_{-\infty}^{\infty}\frac{\alpha\rho_H(f)\,|X(f)|^2}{S_{cc}(f)\,|X(f)|^2+S_{nn}(f)+J(f)}\mathrm{d}f \tag{2-31}$$

式中：$\alpha=T_h/T_y$，反映了有限持续时间目标和雷达发射波形的卷积输出仅在有限时间窗内是平稳的。因此，可将 SINR 表示式化简为

$$\mathrm{SINR}=\int_{-\infty}^{\infty}\frac{\sigma_H^2(f)\,|X(f)|^2}{S_{cc}(f)\,|X(f)|^2+S_{nn}(f)+J(f)}\mathrm{d}f \tag{2-32}$$

故能量集中于$[-W/2,W/2]$波段的雷达波形，在探测扩展目标时，接收端回波中用于最大化 SINR 求解的表示式为

$$\mathrm{SINR}\simeq\int_{W}\frac{\sigma_H^2(f)\,|X(f)|^2}{S_{cc}(f)\,|X(f)|^2+S_{nn}(f)+J(f)}\mathrm{d}f \tag{2-33}$$

2.2 MIMO 雷达信号模型

假设 MIMO 雷达拥有 M 个发射天线和 N 个接收天线，第 m 个天线发射的离散时间基带信号为 $x_m(k)$，θ 表示一般目标的位置参数，如方位角和距离，则 M 个发射天线的发射信号矢量和发射导向矢量分别为[19] $\boldsymbol{x}(k)=[x_1(k),x_2(k),\cdots,x_M(k)]^{\mathrm{T}}$ 和 $\boldsymbol{a}(\theta)=[\mathrm{e}^{-\mathrm{j}2\pi f_0\tau_1(\theta)},\mathrm{e}^{-\mathrm{j}2\pi f_0\tau_2(\theta)},\cdots,\mathrm{e}^{-\mathrm{j}2\pi f_0\tau_M(\theta)}]^{\mathrm{T}}$。

假设发射的探测信号是窄带的且传播传输是非分散的，目标位置处的基带信号可描述为

$$\sum_{m=1}^{M}\mathrm{e}^{-\mathrm{j}2\pi f_0\tau_m(\theta)}x_m(k)=\boldsymbol{a}^*(\theta)\boldsymbol{x}(k),\quad k=1,2,\cdots,K \tag{2-34}$$

式中：f_0 为雷达载波频率；τ_m 为信号从第 m 个发射天线发射到达目标所需时间；$(\cdot)^*$ 为共轭转置；K 为每个发射信号脉冲样本数量。

2.2.1 集中式 MIMO 雷达

集中式 MIMO 雷达发射天线与接收天线置于同一位置时，在点目标假设下，MIMO 雷达收集到的数据信号可描述为[19]

$$\boldsymbol{y}(k)=\beta\boldsymbol{a}^{c}(\theta)\boldsymbol{a}^{*}(\theta)\boldsymbol{x}(k)+\boldsymbol{n}(k) \tag{2-35}$$

式中：β 为与雷达截面积 RCS 成比例的复幅度；$\boldsymbol{n}(k)$ 为干扰加噪声；$(\cdot)^c$ 为复共轭。

当集中式 MIMO 雷达发射天线与接收天线分开安置时，接收信号可表示为[20]

$$\boldsymbol{y}(t)=\beta\boldsymbol{a}_T^{*}(\theta)\boldsymbol{x}(t)\boldsymbol{a}_R(\theta)+\boldsymbol{n}(t) \tag{2-36}$$

式中：$\boldsymbol{a}_T(\theta)$ 和 $\boldsymbol{a}_R(\theta)$ 为与 θ 有关的实际发射和接收导向向量；$\boldsymbol{x}(t)$ 为波形矢量 $\boldsymbol{x}(t)=[x_1(t),\cdots,x_M(t)]^{\mathrm{T}}$；$t$ 为时间指标。由于第 m 个发射波形可通过对接收数据进行匹配滤波恢复，故返回的 $\boldsymbol{x}(t)$ 为 $y_m=\int_{T_0} y(t)x_m^{*}(t)\mathrm{d}t$。

用各发射波形对接收数据进行匹配滤波后，$MN*1$ 维的实际数据矢量可写为

$$\boldsymbol{y}=\beta\boldsymbol{a}_T(\theta)\otimes\boldsymbol{a}_R(\theta)+\boldsymbol{n} \tag{2-37}$$

2.2.2 分布式 MIMO 雷达

分布式 MIMO 雷达发射和接收天线的阵元间距较大，在扩展目标假设下[21]，接收信号可表示为

$$y_n(k)=\sum_{i=1}^{M}h_{in}s_i(k)+\xi_n(k),\quad k=1,2,\cdots,K \tag{2-38}$$

假设在每对发射和接收天线间的目标为点目标，$y_n(k)$ 为第 n 个接收机在第 k 时刻的接收波形，h_{in} 为从第 i 个发射天线到第 n 个接收天线的目标脉冲响应，$s_n(k)$ 为在第 n 个接收天线处的发射信号，$\xi_n(k)$ 为第 n 个接收天线处的噪声。假设噪声矢量的组成为独立同分布的高斯随机变量，且均值为 0，方差为 σ_ξ^2，则信号模型可用矢量形式写为

$$y_n(k)=\boldsymbol{h}_n^{\mathrm{T}}\boldsymbol{s}(k)+\xi_n(k) \tag{2-39}$$

$$\boldsymbol{h}_n=[h_{1n},h_{2n},\cdots,h_{Mn}]^{\mathrm{T}},\quad \boldsymbol{s}=[s_1(k),s_2(k),\cdots,s_M(k)]^{\mathrm{T}}$$

在 K 个样本积累和观测时间 T 等条件下，第 n 个接收阵元的接收信号可用列形式表示为

$$\boldsymbol{y}_n=\boldsymbol{h}_n^{\mathrm{T}}\boldsymbol{S}^{\mathrm{T}}+\boldsymbol{\xi}_n \tag{2-40}$$

$$\boldsymbol{S}=[\boldsymbol{s}(1),\boldsymbol{s}(2),\cdots,\boldsymbol{s}(K)]^{\mathrm{T}}$$

将 N 个接收阵元的接收波形集中起来，则接收信号可用矩阵形式表示为

$$\boldsymbol{Y}=\boldsymbol{S}\boldsymbol{H}+\boldsymbol{\xi} \tag{2-41}$$

式中：$\boldsymbol{Y}=[\boldsymbol{y}_1^{\mathrm{T}},\boldsymbol{y}_2^{\mathrm{T}},\cdots,\boldsymbol{y}_N^{\mathrm{T}}]$ 为均值为 0，方差为 $(\boldsymbol{S}\boldsymbol{R}_H\boldsymbol{S}^H+\sigma_\xi^2\boldsymbol{I}_k)$ 的高斯分布；$\boldsymbol{H}=[\boldsymbol{h}_1,\boldsymbol{h}_2,\cdots,\boldsymbol{h}_N]$ 的列独立同分布且服从分布 $\zeta N(0,\boldsymbol{R}_H)$；$\boldsymbol{\xi}=[\xi_1^{\mathrm{T}},\xi_2^{\mathrm{T}},\cdots,\xi_N^{\mathrm{T}}]$ 的列独立同分布且服从分布 $\zeta N(0,\sigma_\xi^2\boldsymbol{I}_k)$。

2.2.3　目标模型

雷达发射的信号是定义好的、可控制的，但接收机输出端的信号一般包含不同成分，如目标特性、杂波、噪声和干扰等。电磁波入射到点目标时，部分入射功率被再次辐射向雷达，再辐射功率是目标 RCS 的函数。

此前，学者们已提出多种模型描述 MIMO 雷达系统里的目标反射，但目标通常被视为点散射体[22]，这对于传感器紧密排列和目标与阵列间距较大的情况很适用，但随着雷达系统分辨率的提升，更好的模型是扩展目标或在距离、方位和多普勒方面宽广的分散式源模型。目标外形复杂，分布式 MIMO 雷达天线阵元间距较大，因此每个阵元能观察到目标不同方面，故用点目标模型描述分布式 MIMO 雷达中的接收信号并不合适，必须要发展更为详尽的模型。目标模型可以是确定的或统计的[23]：前者假设目标特性是固定且已知的（也可能是取决于某些可被估计的未知参数）；后者则认为目标是任意变量且试图描述其统计特性。类似的，不同的模型也可用于描述杂波、干扰和噪声等环境[24,25]。

2.3　雷达假设检验模型

2.3.1　回波 PDF 已知时目标假设检验理论

根据统计判决理论，单天线雷达目标检测问题可定性为假设检验问题，通过判断雷达回波中是否含有被探测目标，可将其定义为二元假设检验[26]。本节首先讨论一个简单的假设检验模型，设雷达回波数据 PDF 已知，干扰项为广义高斯白噪声（White Gaussian Noise，WGN），则目标假设检验模型可表示为

$$\begin{cases} H_0: y(n)=i(n), & n=0,1,\cdots,N-1 \\ H_1: y(n)=s(n)+i(n), & n=0,1,\cdots,N-1 \end{cases} \tag{2-42}$$

式中：H_0 为零假设；H_1 为备择假设；$s(n)=A(A>0)$为目标回波信号；$i(n)$为方差 σ^2 的干扰项回波信号。

对于雷达和声呐系统来说，为使检测概率 $P_D=p(H_1;H_1)$最大，通常使用由 Neyman-Pearson（NP）定理构造的似然比检测器对目标进行检验。在 NP 定理中，定义虚警概率为

$$P_{FA}=p(H_1;H_0)=\alpha \tag{2-43}$$

式（2-43）表示 H_0 为真时，判断 H_1 成立，即雷达回波中不存在目标信号时，误判为存在目标。对于一个给定的虚警概率，由式（2-42）统计模型得到使 P_D 最大的判决为

$$L(y)=\frac{p(y;H_1)}{p(y;H_0)}=\frac{\dfrac{1}{(2\pi\sigma^2)^{\frac{N}{2}}}\exp\left[-\dfrac{1}{2\sigma^2}\sum_{n=0}^{N-1}(y(n)-A)^2\right]}{\dfrac{1}{(2\pi\sigma^2)^{\frac{N}{2}}}\exp\left[-\dfrac{1}{2\sigma^2}\sum_{n=0}^{N-1}y^2(n)\right]}>\gamma \tag{2-44}$$

式中：$L(y)$为似然比。式（2-44）描述了对于任意一个 y 值，H_1 的可能性与 H_0 的可能性的比值，故也称为似然比检验（Likelihood Ratio Test，LRT）。由于单调递增变换不会改变不等式性质，对式（2-44）两边同时取对数，可得

$$-\frac{1}{2\sigma^2}\left(-2A\sum_{n=0}^{N-1}y(n)+NA^2\right)>\ln\gamma \tag{2-45}$$

化简式（2-45）得

$$\frac{A}{\sigma^2}\sum_{n=0}^{N-1}y(n)>\ln\gamma+\frac{NA^2}{2\sigma^2} \tag{2-46}$$

由于 $A>0$，可得

$$\frac{1}{N}\sum_{n=0}^{N-1}y(n)>\frac{\sigma^2}{NA}\ln\gamma+\frac{A}{2}=\gamma' \tag{2-47}$$

目标回波均值可表示为

$$\bar{y}=\frac{1}{N}\sum_{n=0}^{N-1}y(n) \tag{2-48}$$

式（2-47）表明，NP 检测器将目标回波的均值与检测门限 γ'进行对比，鉴定雷达回波中是否存在目标信息。式（2.48）中 $\bar{y}$ 可视为 A 的估计值，若估计值大于检测门限则雷达回波中可能存在目标信息。而估计值的大小，取决于雷达对干扰信号的关心程度，为避免干扰项对估计值造成过大的影响，必须控制 γ'的波动范围，利用较高的门限来降低 P_{FA}。在先前假设中，检验统计量为

$$T(y)=\frac{1}{N}\sum_{n=0}^{N-1}y(n) \tag{2-49}$$

注意，式（2-49）是高斯的，均值和方差分别为

$$E(T(y);H_0)=E\left(\frac{1}{N}\sum_{n=0}^{N-1}i(n)\right)=\frac{1}{N}\sum_{n=0}^{N-1}E(i(n))=0 \tag{2-50}$$

$$\operatorname{var}(T(y);H_0)=\operatorname{var}\left(\frac{1}{N}\sum_{n=0}^{N-1}i(n)\right)=\frac{1}{N^2}\sum_{n=0}^{N-1}\operatorname{var}(i(n))=\frac{\sigma^2}{N} \tag{2-51}$$

同理可得

$$E(T(y);H_1)=A \tag{2-52}$$

$$\operatorname{var}(T(y);H_1)=\frac{\sigma^2}{N} \tag{2-53}$$

由于噪声干扰与目标回波信号不相关，有

$$T(y)\sim\begin{cases}\mathrm{N}\left(0,\dfrac{\sigma^2}{N}\right), & 在 H_0 条件下\\ \mathrm{N}\left(A,\dfrac{\sigma^2}{N}\right), & 在 H_1 条件下\end{cases} \tag{2-54}$$

可得

$$P_{\mathrm{FA}}=\Pr\{T(y)>\gamma';H_0\}=Q\left(\frac{\gamma'}{\sqrt{\sigma^2/N}}\right) \tag{2-55}$$

$$P_{\mathrm{D}}=\Pr\{T(y)>\gamma';H_1\}=Q\left(\frac{\gamma'-A}{\sqrt{\sigma^2/N}}\right) \tag{2-56}$$

由于$(1-Q(\cdot))$是累计分布函数（Cumulative Distribution Function，CDF），单调递增，因此 $Q(\cdot)$ 为单调递减函数，且逆函数存在，用 Q^{-1} 表示。依据式（2-55）求解检测门限得

$$\gamma'=\sqrt{\frac{\sigma^2}{N}}Q^{-1}(P_{\mathrm{FA}}) \tag{2-57}$$

将式（2-57）代入式（2-56）可得

$$P_{\mathrm{D}}=Q\left(\frac{\sqrt{\sigma^2/N}\,Q^{-1}(P_{\mathrm{FA}})-A}{\sqrt{\sigma^2/N}}\right)=Q\left(Q^{-1}(P_{\mathrm{FA}})-\sqrt{\frac{NA^2}{\sigma^2}}\right) \tag{2-58}$$

由式（2-58）可知，在虚警概率 P_{FA}确定时，雷达检测性能 P_{D} 随 NA^2/σ^2 单调递增。NA^2/σ^2 为雷达信号能量噪声比（Energy-to-Noise Ratio，ENR），是一个标准的高斯均值偏移（Gauss Mean-shifted）问题[27]。

考虑到非高斯情况，假定检验统计量 T 的 PDF 为

$$T\sim\begin{cases}\mathrm{N}(\mu_0,\sigma^2), & 在 H_0 条件下\\ \mathrm{N}(\mu_1,\sigma^2), & 在 H_1 条件下\end{cases} \tag{2-59}$$

式中：$\mu_1>\mu_0$。对于 NP 检测器，雷达检测性能可由偏移系数 d^2 确定，定义为

$$d^2=\frac{(E(T;H_1)-E(T;H_0))^2}{\mathrm{var}(T;H_0)}=\frac{(\mu_1-\mu_0)^2}{\sigma^2} \tag{2-60}$$

当 $\mu_0=0$ 时，有 $d^2=\mu_1^2/\sigma^2$，即雷达接收端信噪比（SNR）。为验证 d^2 与检测性能的关系，求解 P_{FA} 和 P_{D} 得

$$P_{\mathrm{FA}}=\Pr\{T>\gamma';H_0\}=Q\left(\frac{\gamma'-\mu_0}{\sigma}\right) \tag{2-61}$$

$$\begin{aligned}P_{\mathrm{D}}&=\Pr\{T>\gamma';H_1\}=Q\left(\frac{\gamma'-\mu_1}{\sigma}\right)\\&=Q\left(\frac{\mu_0+\sigma Q^{-1}(P_{\mathrm{FA}})-\mu_1}{\sigma}\right)=Q\left(Q^{-1}(P_{\mathrm{FA}})-\left(\frac{\mu_1-\mu_0}{\sigma}\right)\right)\end{aligned} \tag{2-62}$$

由于 $\mu_1>\mu_0$，将式（2-62）代入式（2-61）得

$$P_{\mathrm{D}}=Q(Q^{-1}(P_{\mathrm{FA}})-\sqrt{d^2}) \tag{2-63}$$

因此，在虚警概率 P_{FA} 确定时，雷达检测性能 P_{D} 由偏移系数 d^2 确定。在本书中，扩展目标检测模型中 d^2 就是式（2-60）所求 SINR。由于在 NP 检测器中，$Q(\cdot)$ 单调递减，故可通过提高 SINR 的方式来提高雷达检测性能。

2.3.2 回波 PDF 未知时目标假设检验理论

2.3.1 节中讨论了回波 PDF 完全已知时，雷达目标检测的基本理论。但实际中，雷达很难做到对 PDF 完全已知，雷达回波延迟、接收机对环境参数的误判、目标 RCS 未知等因素都会令 PDF 存在部分未知的情况。因此，在 PDF 不完全已知时的雷达目标检测理论是一个值得研究的问题。

当雷达回波 PDF 存在未知参数时，可采用贝叶斯方法，在 H_0 与 H_1 条件下对未知参数进行假定，以表述这种不确定性。也就是说，将未知参数看作随机变量的一个现实可能，并为其指定一个先验 PDF。

针对高斯噪声中雷达对 RCS 未知目标的检测问题，设雷达回波 $y(n)$ 在 H_0 条件下有 $p(y(n)\mid\theta_0;H_0)$，在 H_1 条件下有 $p(y(n)\mid\theta_1;H_1)$，PDF 的形式及未知参数矢量 θ_0 和 θ_1 在不同假设下可能不同。若 $p(\theta_i)$ 表示先验 PDF，则回波数据的 PDF 为

$$p(y(n);H_0)=\int p(y(n)\mid\theta_0;H_0)p(\theta_0)\mathrm{d}\theta_0 \tag{2-64}$$

$$p(y(n);H_1)=\int p(y(n)\mid\theta_1;H_1)p(\theta_1)\mathrm{d}\theta_1 \tag{2-65}$$

式中：$p(y(n);H_i)$ 是完全确定的，不依赖于任何未知参数，为无条件 PDF；

$p(y(n)\mid\theta_i;H_i)$表示假定 H_i 为真，在 θ_i 条件下 $y(n)$的条件 PDF。如果存在

$$\frac{p(y(n);H_1)}{p(y(n);H_0)}=\frac{\int p(y(n)\mid\theta_1;H_1)p(\theta_1)\mathrm{d}\theta_1}{\int p(y(n)\mid\theta_0;H_0)p(\theta_0)\mathrm{d}\theta_0}>\gamma \tag{2-66}$$

则检测器判断为 H_1。

考虑目标假设检验模型中 A 是完全未知的，假定先验 PDF 为 $A\sim \mathrm{N}(0,\sigma_A^2)$，并与 $i(n)$完全独立，那么在 H_1 条件下的条件 PDF 为

$$p(y(n)\mid A;H_1)=\frac{1}{(2\pi\sigma^2)^{\frac{N}{2}}}\exp\left[-\frac{1}{2\sigma^2}\sum_{n=0}^{N-1}(y(n)-A)^2\right] \tag{2-67}$$

在 H_0 条件下，PDF 完全已知。将 $\theta_1=A$ 代入式（2-67）得

$$\frac{p(y(n);H_1)}{p(y(n);H_0)}=\frac{\int_{-\infty}^{\infty}p(y(n)\mid A;H_1)p(A)\mathrm{d}A}{p(y(n);H_0)}>\gamma \tag{2-68}$$

此时 NP 检测器判定 H_1，有

$$\begin{aligned}p(y(n);H_1)&=\int_{-\infty}^{\infty}p(y(n)\mid A;H_1)p(A)\mathrm{d}A\\&=\int_{-\infty}^{\infty}\frac{1}{(2\pi\sigma^2)^{\frac{N}{2}}}\exp\left[-\frac{1}{2\sigma^2}\sum_{n=0}^{N-1}(y(n)-A)^2\right]\cdot\frac{1}{\sqrt{2\pi\sigma_A^2}}\exp\left(-\frac{1}{2\sigma_A^2}A^2\right)\mathrm{d}A\end{aligned} \tag{2-69}$$

令

$$Q(A)=\frac{1}{\sigma^2}\sum_{n=0}^{N-1}(y(n)-A)^2+\frac{A^2}{\sigma_A^2} \tag{2-70}$$

当用 A 的平方表示时，有

$$\begin{aligned}Q(A)&=\frac{1}{\sigma^2}\sum_{n=0}^{N-1}y^2(n)-\frac{2N}{\sigma^2}\bar{y}A+\frac{N}{\sigma^2}A^2+\frac{A^2}{\sigma_A^2}\\&=\underbrace{\left(\frac{N}{\sigma^2}+\frac{1}{\sigma_A^2}\right)}_{1/\sigma_{A\mid x}^2}A^2-\frac{2N}{\sigma^2}\bar{y}A+\frac{1}{\sigma^2}\sum_{n=0}^{N-1}y^2(n)\\&=\frac{A^2}{\sigma_{A\mid x}^2}-\frac{2N\sigma_{A\mid x}^2\bar{y}A}{\sigma^2\sigma_{A\mid x}^2}+\frac{1}{\sigma^2}\sum_{n=0}^{N-1}y^2(n)\\&=\frac{1}{\sigma_{A\mid x}^2}\left(A-\frac{N\sigma_{A\mid x}^2\bar{y}}{\sigma^2}\right)^2-\frac{N^2\bar{y}^2}{\sigma^4}\sigma_{A\mid x}^2+\frac{1}{\sigma^2}\sum_{n=0}^{N-1}y^2(n)\end{aligned} \tag{2-71}$$

所以有

$$\frac{p(y(n);H_1)}{p(y(n);H_0)}=\frac{\dfrac{1}{(2\pi\sigma^2)^{\frac{N}{2}}}\dfrac{1}{\sqrt{2\pi\sigma_A^2}}\displaystyle\int_{-\infty}^{\infty}\exp\left[-\frac{1}{2}Q(A)\right]\mathrm{d}A}{\dfrac{1}{(2\pi\sigma^2)^{\frac{N}{2}}}\exp\left[-\dfrac{1}{2\sigma^2}\displaystyle\sum_{n=0}^{N-1}y^2(n)\right]} \tag{2-72}$$

$$=\frac{1}{\sqrt{2\pi\sigma_A^2}}\sqrt{2\pi\sigma_{A|x}^2}\exp\left(\frac{N^2\sigma_{A|x}^2\bar{y}^2}{2\sigma^4}\right)>\gamma$$

对式（2-72）两边同时取对数，并只保留与数据有关的项，若存在

$$|y(n)|>\sqrt{\gamma'} \tag{2-73}$$

则判断为 H_1。在这种情况下，不需知道 σ_A^2 的值，即可设置门限，其检测门限如式（2-73）所示，此时贝叶斯检测器可视为 NP 检测器。

综上，对于回波 PDF 不完全已知的目标检验问题，可以通过设置未知参数的形式将其转换为 NP 检测器，其检测门限与 A 无关，检测性能可用式（2-63）表示。在虚警概率确定时，通过所求 SINR 即可计算雷达对目标检测概率。

参考文献

[1] Pillai Unnikrishna S. Probability, Random variables and stochastic processes [J]. IEEE Transactions on Acoustics, Speech, and Signal Processing, 1965, 33 (6): 1637-1637.

[2] Bell M R. Information theory and radar waveform design [J]. IEEE Transactions on Information Theory, 1993, 39 (5): 1578-1597.

[3] Pillai S U, Youla D C, Oh H S, et al. Optimum transmit-receiver design in the presence of signal-dependent interference and channel noise [J]. IEEE Transactions on Information Theory, 2002, 46 (5): 577-584.

[4] Pillai S U, Li K Y, Beyer H. Waveform design optimization using bandwidth and energy considerations [C]. 2008 IEEE Radar Conference, Rome, Italy, 2008: 1-5.

[5] Garren D A, Osborn M K, Odom A C, et al. Enhanced target detection and identification via optimised radar transmission pulse shape [J]. IEE Proceedings-Radar Sonar and Navigation, 2001, 148 (3): 130-138.

[6] Romero R, Goodman N A. Information-theoretic matched waveform in signal dependent interference [C]. 2008 IEEE Radar Conference, Rome, Italy, 2008: 1-6.

[7] Troitzsch K G. Simulation as a Tool to Model Stochastic Processes in Complex Systems [M]. Springer US, 1999.

[8] Ross S M. Stochastic Processes [M]. John Wiley&Sons Inc. , 1995.

[9] 汪荣鑫. 随机过程 [M]. 西安：西安交通大学出版社，2006.

[10] Middleton D. Statistical theory of signal detection [J]. Transactions of the IRE Professional Group on Information Theory, 1954 (3): 26-51.

[11] Bell M R. Information theory and radar waveform design [J]. IEEE Transactions on Information Theory, 1993, 39 (5): 1578-1597.

[12] Bell, Mark R. Information Theory of Radar and Sonar Waveforms [M]. Wiley Encyclopedia of Electrical and Electronics Engineering, 1999.

[13] Pillai S U, Youla D C, Oh H S, et al. Optimum transmit-receiver design in the presence of signal-dependent interference and channel noise [J]. IEEE Transactions on Information Theory, 2002, 46 (5): 577-584.

[14] Garren D A, Osborn M K, Odom A C, et al. Enhanced target detection and identification via optimised radar transmission pulse shape [J]. IEE Proceedings-Radar Sonar and Navigation, 2001, 148 (3): 130-138.

[15] Steve Kay. Optimal signal design for detection of Gaussian point targets in stationary Gaussian clutter/reverberation [J]. IEEE Journal of Selected Topics in Signal Processing, 2007, 1 (1): 31-41.

[16] Guo D, Shamai S, Verdu S. Mutual Information and Minimum Mean-square Error in Gaussian Channels [J]. IEEE Transactions on Information Theory, 2004, 51 (4): 1261-1282.

[17] Yang Y, Blum R. MIMO radar waveform design based on mutual information and minimum mean-square error estimation [J]. IEEE Transactions on Aerospace and Electronic Systems, 2007, 43 (1): 330-343.

[18] Chen C Y, Vaidyanathan P P. MIMO Radar Waveform Optimization with Prior Information of the Extended Target and Clutter [J]. IEEE Transactions on Signal Processing, 2009, 57 (9): 3533-3544.

[19] Stoica P, Li J, Xie Y. On probing signal design for MIMO radar [J]. IEEE Transaction on Signal Processing, 2007, 55 (8): 4151-4161.

[20] Hassanien A, Vorobyov S A. Transmit/Receive beamforming for MIMO radar with colocated antennas [C]. IEEE International Conference on Acoustics, Speech and Signal Processing, 2009: 2089-2092.

[21] B Tang, J Tang, Y Peng. MIMO Radar Waveform Design in Colored Noise Based on Information Theory [J]. IEEE Transactions on Signal Processing, 2010, 58 (9): 4684-4697.

[22] Skolnik M I. Introduction to radar systems [M]. New York: McGrawHill, 2001.

[23] Butler T B, Tucson A Z, Goodman N A. Multistatic target classification with adaptive waveforms [C]. IEEE Radar Conference, Rome, 2008: 1-6.

[24] Klemm R. Principles of Space-Time Adaptive Processing [M]. London: Institution of Engineering and Technology, 2002.

[25] Richards Mark A. Fundamentals of Radar Signal Processing [M]. New Delhi: Tata McGraw Hill Edition, 2005.

[26] Steven M K. 统计信号处理基础：估计与检测理论 [M]. 罗鹏飞，张文明，刘忠，等译. 北京：电子工业出版社，2014.

[27] Steven M Kay. Fundamentals of Statistical Signal Processing, Vol. Ⅱ: Detection Theory [J]. Technometrics, 1993, 37 (4): 465-466.

第3章　完全信息条件下单天线雷达与干扰 Stackelberg 博弈

随着雷达对抗技术的快速发展，己方雷达可自适应优化发射波形，提高雷达对目标检测概率。例如，为降低雷达对已知/随机目标的目标检测和参数估计性能，国防科技大学的王宏强团队分别基于最小化 SINR 和互信息量准则提出了最佳压制干扰波形设计方法[1-2]。同时，针对雷达的干扰技术也在不断改进，并且干扰的智能化程度也越来越高。现有面向智能雷达与非智能干扰（主要为高斯白噪声干扰）的研究成果，难以有效提升自适应压制干扰条件下的雷达目标探测性能。因此，在智能雷达和智能干扰博弈过程中如何优化雷达波形，成为亟待研究的问题。

本章基于单天线雷达和干扰机不能连续动态改变信号波形的假设，针对扩展目标检测的雷达波形设计展开研究。在目标冲激响应、杂波响应及噪声功率谱密度等先验信息已知的基础上，构建单天线雷达同干扰机完全信息条件下的 Stackelberg 静态博弈模型，通过二次注水方法优化雷达发射波形。首先，基于 SINR 准则分别设计雷达和干扰优化波形；然后，将 Stackelberg 博弈模型应用于单天线雷达与干扰机博弈中，将雷达视为博弈领导者，通过逆向推演的二次注水波形设计方法设计雷达博弈波形；最后，在智能干扰的条件下，将所设计的雷达信号和使用通用注水法优化的雷达信号、线性调频信号进行仿真对比，并对优化信号带来的雷达探测性能展开分析。

3.1　基于最大化 SINR 准则的波形优化方法

目前广泛应用的波形优化准则主要是最大化雷达接收端 SINR、MI 及 MMSE 等。在非高斯杂波环境中，基于互信息量准则的优化波形难以求解，不一定存在封闭解析解；相比之下，基于最大化 SINR 准则设计雷达信号波形时，不需要各冲激响应满足高斯分布，即使面对非高斯杂波也可得到稳定的解析解，因此本章采用雷达接收机端的 SINR 作为波形优化指标。本节阐述单天线雷达和干扰机基于 SINR 准则和通用注水法优化波形时的策略产生方法。

3.1.1 雷达波形优化

基于认知雷达理论，假设单天线雷达可提前获取目标和环境中的杂波响应及噪声功率谱密度等先验信息，自适应优化发射波形。为提高雷达接收机端 SINR，单天线雷达可通过最大化 SINR 来设计雷达波形，此时雷达波形策略可表示为

$$\begin{cases} \max\limits_{|X(f)|^2} \int_W \dfrac{\sigma_H^2(f)\ |X(f)|^2}{S_{cc}(f)\ |X(f)|^2 + S_{nn}(f) + J(f)} \mathrm{d}f \\ \text{s. t.} \int_W |X(f)|^2 \mathrm{d}f \leqslant E_S \end{cases} \tag{3-1}$$

由式（3-1）可知，目标函数是关于 $|X(f)|^2$ 的凸函数，约束条件为线性。因此，结合目标函数与约束条件，式（3-1）中最优波形求解问题可转化为凸优化问题，通过拉格朗日乘子法求解。构建拉格朗日函数为

$$L(|X(f)|^2, \lambda) = \int_W \frac{\sigma_H^2(f)\ |X(f)|^2}{S_{cc}(f)\ |X(f)|^2 + S_{nn}(f) + J(f)} \mathrm{d}f + \lambda\left(P_S - \int_W |X(f)|^2 \mathrm{d}f\right) \tag{3-2}$$

式（3-2）中极值问题的求解可等价于对 $|X(f)|^2$ 求最大值，有

$$l(|X(f)|^2) = \frac{\sigma_H^2(f)\,|X(f)|^2}{S_{cc}(f)\,|X(f)|^2 + S_{nn}(f) + J(f)} \mathrm{d}f - \lambda\ |X(f)|^2 \tag{3-3}$$

对 $l(|X(f)|^2)$ 取 $|X(f)|^2$ 的导数，令其为零，可推导出具有最大 SINR 的 $|X(f)|^2$，有

$$|X(f)|^2 = \left(\sqrt{\frac{\sigma_H^2(f)\,(J(f)+S_{nn}(f))}{S_{cc}^2(f)\,\lambda}} - \frac{J(f)+S_{nn}(f)}{S_{cc}(f)}\right)^+ \tag{3-4}$$

式中：$(x)^+ \stackrel{\Delta}{=} \max\{0, x\}$，$\lambda>0$ 由功率约束条件确定。由式（3-4）可知，雷达优化波形倾向于在目标冲激响应高而杂波和噪声等干扰低的频段分配更多的功率来提高目标检测概率，对优化波形的功率谱设计可通过注水定理实现。

注水定理[4]来源于通信领域，可以形象地解释为向凹凸不平的洼地中注水，最初被用来解决在存在多个功率差异的加性高斯白噪声信道中实现最大信息传输速率的功率分配问题。如图 3.1 所示，噪声平均功率 P_{n_i} 可以形象地理解为起伏不平的洼地，信号总功率 P 可视为水的容量，将水倒入洼地，稳定后的水面高度就是具有最大传输速率的注水水位 ν。

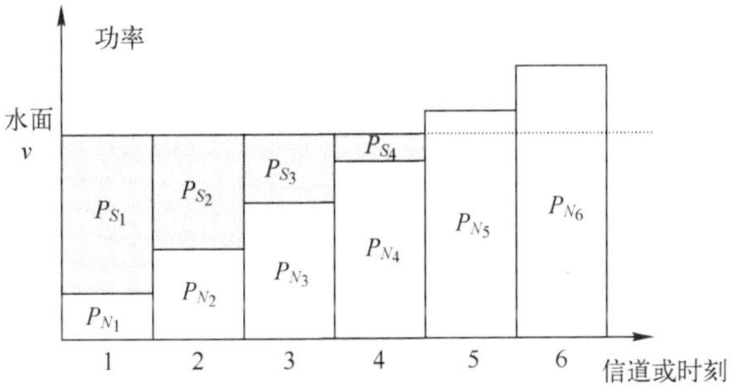

图 3.1　注水定理原理示意图

1993 年，Bell 为解决噪声环境中雷达波形设计问题，首先将注水定理应用于雷达领域[3]。此后，注水方法常用来解决噪声和杂波等存在时的波形设计问题。根据文献 [4]，利用注水定理设计波形时，该方法通用解的形式为

$$|X(f)|^2=\max[0,B(f)(A-D(f))] \tag{3-5}$$

将式（3-5）化为通用形式，有

$$|X(f)|^2=\max\left[0,\frac{\sqrt{(S_{nn}(f)+J(f))\sigma_H^2(f)}}{S_{cc}(f)}\left(\frac{1}{\sqrt{\lambda}}-\sqrt{\frac{S_{nn}(f)+J(f)}{\sigma_H^2(f)}}\right)\right] \tag{3-6}$$

$$\begin{cases} B(f)=\dfrac{\sqrt{(S_{nn}(f)+J(f))\sigma_H^2(f)}}{S_{cc}(f)} \\ A=\dfrac{1}{\sqrt{\lambda}} \\ D(f)=\sqrt{\dfrac{S_{nn}(f)+J(f)}{\sigma_H^2(f)}} \end{cases} \tag{3-7}$$

式（3-6）与式（3-5）表述形式一致，表明用求解凸优化问题的方法优化设计雷达发射信号是可行的，即信号频域功率谱设计可通过注水方法实现。

3.1.2　干扰波形优化

考虑敌方干扰为自适应的压制式干扰，它释放干扰信号，使雷达接收端在收到目标回波信号的同时，收到与目标波形无关的噪声，从而达到干扰雷达的目的[5]。当干扰机监测到雷达信号后，为抑制雷达对目标探测性能，干扰机需根据侦测到的雷达波形参数优化干扰信号，以降低雷达接收机端 SINR，因此干扰波形设计策略可表示为

$$\begin{cases}\min\limits_{J(f)} \int_W \dfrac{\sigma_H^2(f)\ |X(f)|^2}{S_{cc}(f)\ |X(f)|^2 + J(f) + S_{nn}(f)}\mathrm{d}f \\ \text{s. t.} \int_W J(f)\,\mathrm{d}f \leqslant E_J, \int_W |X(f)|^2\mathrm{d}f = E_S\end{cases} \tag{3-8}$$

式中：E_J 为干扰机总能量。根据 3.1.1 节所求的 $|X(f)|^2$，可知式（3-8）中的目标函数为凹函数，$J(f)$ 的能量约束是线性的。同理，最优干扰波形可利用拉格朗日乘子法求解，有

$$L(J(f),\lambda) = \int_W \frac{\sigma_H^2(f)\ |X(f)|^2}{S_{cc}(f)\ |X(f)|^2 + S_{nn}(f) + J(f)}\mathrm{d}f + \lambda\left(P_J - \int_W J(f)\,\mathrm{d}f\right) \tag{3-9}$$

$$l(J(f)) = \frac{\sigma_H^2(f)\ |X(f)|^2}{S_{cc}(f)\ |X(f)|^2 + S_{nn}(f) + J(f)}\mathrm{d}f - \lambda J(f) \tag{3-10}$$

对 $l(J(f))$ 求 $J(f_k)$ 的导数，令其为零，解得干扰波形为

$$J(f) = \left(\sqrt{\frac{\sigma_H^2(f)\ |X(f)|^2}{\lambda}} - S_{cc}(f)\ |X(f)|^2 - S_{nn}(f)\right)^+ \tag{3-11}$$

式中：λ 由干扰机总功率确定。

将式（3-11）化为注水定理通用形式为

$$J(f) = \max\left[0, \sigma_H(f)\ |X(f)|\left(\frac{1}{\sqrt{\lambda}} - \left(\frac{S_{cc}(f)\ |X(f)|}{\sigma_H(f)} + \frac{S_{nn}(f)}{\sigma_H(f)\ |X(f)|}\right)\right)\right] \tag{3-12}$$

$$\begin{cases}B(f) = \sigma_H(f)\ |X(f)| \\ A = \dfrac{1}{\sqrt{\lambda}} \\ D(f) = \dfrac{S_{cc}(f)\ |X(f)|}{\sigma_H(f)} + \dfrac{S_{nn}(f)}{\sigma_H(f)\ |X(f)|}\end{cases} \tag{3-13}$$

干扰机会根据雷达发射信号和噪声、杂波等环境因素对干扰波形进行自适应优化，提高干扰信号对雷达探测性能的抑制能力。

3.2 雷达与干扰 Stackelberg 博弈波形优化

在 3.1 节的通用注水法中，雷达仅依据目标及环境特性对信号优化设计，期望更好地提取目标信息，未考虑与干扰的动态对抗问题，不能及时应对敌方

干扰，抗干扰能力较弱，本节针对此问题从博弈角度出发对雷达与干扰间的动态对抗过程展开研究。

3.2.1 雷达与干扰 Stackelberg 博弈模型

本节研究雷达与干扰机在对信号进行优化之后不再继续进行优化的情况。雷达发射探测信号，干扰机在捕捉到雷达信号后，发射干扰信号对雷达干扰。二者不再改变信号波形，此过程为有先后顺序的完全信息博弈过程，可采用 Stackelberg 博弈模型对其描述。

Stackelberg 博弈模型由德国经济学家斯塔克尔伯格（H. Von Stackelberg）于 1934 年提出，描述了不同地位的企业间的不对称竞争[6]。在经济市场中，企业间的竞争地位并不相同，市场地位的不对称导致了不同的决策顺序。通常，先进入市场的企业，称为主导企业，需要根据市场需求做出自身的定价策略；其他企业在观察到主导企业的行为后，再决定自己的定价策略，最大化自身利益。主导企业制定决策时，需要考虑到跟随企业对它的产量所做的反应，确定最符合自己利益的决策。

基于认知理论，假设单天线雷达与干扰机拥有对方的完全信息，即知晓对方的行动准则及收益函数等。单天线雷达发射信号，干扰机在侦测到雷达信号后对干扰信号进行优化并释放干扰信号，对雷达实行干扰。在此过程中，雷达可视为 Stackelberg 博弈中的主导者，干扰机可视为博弈跟随者。雷达和干扰机 Stackelberg 模型可表示为

$$G_{\text{Stackelberg}}=\langle P,A,U\rangle \tag{3-14}$$

参与集：$P=\{$雷达,干扰机$\}$表示博弈参与者，其中：雷达为博弈主导者；干扰机为博弈跟随者。

行动集：$A=A_r\times A_j$，其中：$A_r=\{S(f_1),\cdots,S(f_k)\}$为雷达行动策略，即雷达发射波形；$A_j=\{J(f_1),\cdots,J(f_k)\}$为干扰机行动策略。

效用集：$U=\{U_r,U_j\}$，其中：$U_r=\max\{\text{SINR}\}$为雷达效用函数，旨在最大化雷达发射波形在接收机端的 SINR；$U_j=\min\{\text{SINR}\}$为干扰机行动策略，旨在通过优化干扰信号，降低雷达接收 SINR。

3.2.2 雷达二次注水波形设计

在雷达与干扰博弈中，干扰方拥有博弈的后发优势，它可以捕获雷达波形，然后利用式（3-11）中的干扰波形设计策略直接对干扰信号进行优化，即可满足最小化雷达输出端 SINR 要求；而对于雷达而言，在设计雷达波形时需考虑干扰波形对其造成的影响，此时式（3-4）中所设计的雷达波形并非为

最优波形，需重新对其进行优化设计。

根据 3.1.2 节所设计的最优干扰波形，本节提出逆向推演的雷达二次注水波形设计方法。由于干扰方可感知雷达波形策略，对于任意的雷达波形策略，都可生成相应的最优干扰方案。针对这一情况，雷达可根据干扰优化算法，从干扰最优波形入手，逆向推算出雷达的最优策略，即通过最大化最小 SINR 的二次注水法设计雷达波形，使得雷达在干扰压制下仍能获得局部最优 SINR，提高目标检测概率。

为求解干扰最小化后雷达端 SINR 的极大值，雷达波形策略设计为

$$\begin{cases}\max\limits_{|X(f)|^2}\min\limits_{J(f)}\int_W \dfrac{\sigma_H^2(f)\ |X(f)|^2}{S_{cc}(f)\ |X(f)|^2+J(f)+S_{nn}(f)}\mathrm{d}f \\ \text{s. t.}\int_W |X(f)|^2\mathrm{d}f\leqslant E_S,\int_W J(f)\,\mathrm{d}f\leqslant E_J\end{cases} \tag{3-15}$$

在此情况下，可将式（3-11）中 $J(f)$ 应用于第一步注水算法，波形策略可改写为

$$\begin{cases}\max\limits_{|X(f)|^2}\int_W \dfrac{\sigma_H^2(f)\ |X(f)|^2}{S_{cc}(f)\ |X(f)|^2+J(f)+S_{nn}(f)}\mathrm{d}f \\ \text{s. t.}\ J(f)=\left(\sqrt{\dfrac{\sigma_H^2(f)\ |X(f)|^2}{\lambda}}-S_{cc}(f)\ |X(f)|^2-S_{nn}(f)\right)^+ \\ \text{s. t.}\int_W |X(f)|^2\leqslant E_S,\int_W J(f)\leqslant E_J\end{cases} \tag{3-16}$$

在式（3-16）中，关于 $|X(f)|^2$ 的目标函数仍为凸函数，可构造拉格朗日方程为

$$\begin{aligned}L(|X(f)|^2,\lambda_2,\lambda_3)=&\int_W \frac{\sigma_H^2(f)\ |X(f)|^2}{S_{cc}(f)\ |X(f)|^2+S_{nn}(f)+J(f)}\mathrm{d}f+\\ &\lambda_2\left(J(f)-\sqrt{\frac{\sigma_H^2(f)\ |X(f)|^2}{\lambda}}+S_{cc}(f)\ |X(f)|^2+S_{nn}(f)\right)+\\ &\lambda_3\left(P_S-\int_W |X(f)|^2\right)\end{aligned} \tag{3-17}$$

式中：P_S 为信号总功率。

求解上述方程，通过二次注水方法重新分配频域能量，得到新的优化波形为

$$|X(f)|^2=\left(\frac{(2\lambda-\lambda_2)^2\sigma_H^2(f)}{4\lambda(\lambda_3-(\lambda_2+\lambda)S_{cc}(f))^2}\right)^+ \tag{3-18}$$

此时，雷达与干扰机新的波形对抗策略可表示为

$$\begin{cases} |X(f)|^2 = \left(\dfrac{(2\tilde{\lambda} - \lambda_2)^2 \sigma_H^2(f)}{4\tilde{\lambda}(\lambda_3 - (\lambda_2 + \tilde{\lambda}) S_{cc}(f))^2}\right)^+ \\ J(f) = \left(\sqrt{\dfrac{\sigma_H^2(f)\ |X(f)|^2}{\tilde{\lambda}}} - S_{cc}(f)\ |X(f)|^2 - S_{nn}(f)\right)^+ \\ \text{s.t.} \int_W |X(f)|^2 \leqslant E_S, \int_W J(f) \leqslant E_J \end{cases} \tag{3-19}$$

3.3　仿真及性能分析

本节对所设计的博弈条件下雷达二次注水波形优化方法进行仿真实验，设置线性调频信号和基于通用注水法优化的雷达信号作为对照组，进行性能对比分析。仿真数据以美国国防高级研究计划局（DAPRA）资助的 MEMS 项目中某型单天线雷达为例，设该型单天线制导雷达信号功率 $P_S = 100\text{W}(20\text{dBW})$，工作中心频率 $f_{ca} = 35\text{GHz}$，雷达信号带宽 $W = 100\text{MHz}$，发射信号时宽 $T = 10\text{ms}$。设置功放进行功率分配时，将全频带划分为 5 个子频带，每个子频带 $\Delta f = 20\text{MHz}$。假设雷达接收机端噪声为高斯白噪声，为简化计算，对数据进行归一化处理，定义 $S_{nn}(f) = 1$。探测目标选择为某型越野车，定义目标散射冲激响应为$\{\sigma_H^2(f_k)\} = \{1,3,5,7,4\}$，其中 $k = 1,2,\cdots,5$ 对应 5 个不同子频带。$S_{cc}(f_k)$和 $S_{nn}(f_k)$表示杂波和噪声在频点 f_k 处的功率谱密度。起伏地杂波$\{S_{cc}(f_k)\} = \{1.2,2,1.5,1,0.8\}$。

3.3.1　干扰功率固定时性能分析

仿真中，需要分析等功率干扰下各子频带中雷达波形功率分配情况。假设干扰机功率 $P_J = 20\text{dBW}$，图 3.2 展示了不同雷达波形在各个子频段中功率分配策略。

由图 3.2 可见，当雷达发射线性调频信号时，此时雷达方不进行任何优化设计，雷达功率在全频带内平稳分布，而智能干扰机已经开始有针对性地依据各子频带的目标及环境特性及雷达信号进行干扰信号优化。从干扰信号在频带 3 和 5 中的功率分配情况，可以看出此时干扰信号优化设计受目标散射特性影响较大，例如此时干扰在目标冲激响应 $\sigma_H^2(f)$ 高但目标-杂波比（Target-to-Clutter Ratio，TCR）低于频带 5 的频带 3 内分配了更多功率。

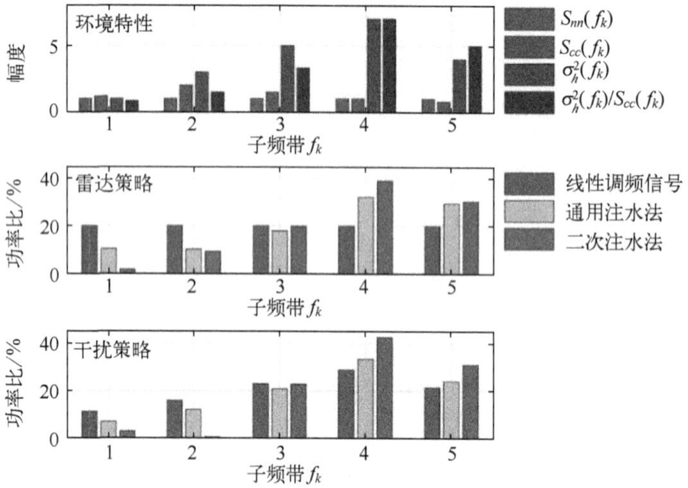

图 3.2 雷达和干扰在不同子频带中频率分配策略

对比通用注水法与线性调频信号可知，对于优化信号，频带 TCR 的高低对信号功率分配的影响程度得到加深。通过通用注水法对雷达信号优化设计后，其在频域内功率分布不再平稳，基于接收端最大化 SINR 准则设计的雷达优化信号会将更多功率分配在 TCR 高的频带，以此来降低杂波及噪声干扰的影响，提高功率资源的利用率。受雷达信号影响，干扰逐渐向 TCR 较高的频带分配更多干扰功率，如针对通用注水法的干扰信号设计中，干扰机降低了频带 1、2 和 3 的功率，提高了频带 4、5 内的功率分布，特别是 TCR 较高但 $\sigma_H^2(f)$ 略低的频带 5 的功率高于频带 3 更证明了这一点。

基于 Stackelberg 博弈模型的二次注水优化的雷达信号，会进一步强化频带 TCR 对功率分配的影响。由于在雷达信号设计过程中，考虑到后期干扰信号的会依据自身策略对雷达进行干扰，若依旧根据通用注水法设计雷达波形，则受到干扰影响，雷达难以在高 TCR 频带获取期望的目标信息。为了进一步提高雷达目标信息获取程度，雷达会在高 TCR 频带注入更多的功率，并与干扰信号进行对抗。具体的雷达频域波形功率谱如图 3.3 所示。表 3.1 为不同雷达信号性能对比。

表 3.1 不同雷达信号性能对比

雷达信号	SINR/dB	检测概率	波形生成耗时/s
线性调频信号	8.783	36.50%	–
通用注水法	9.287	44.84%	0.202
二次注水法	9.605	50.14%	0.485

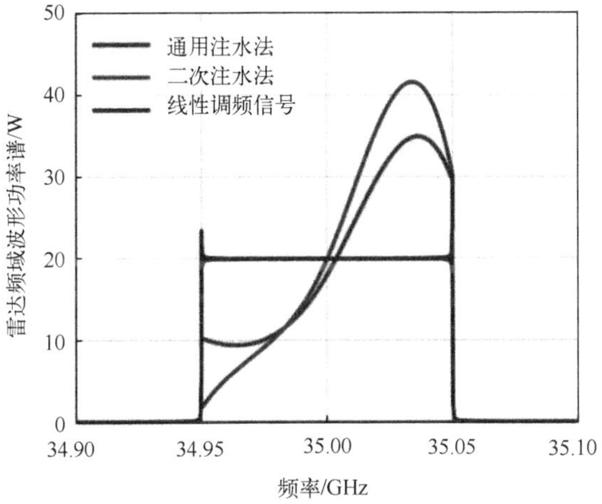

图 3.3　雷达频域波形功率谱

假设单天线雷达对已知目标进行检测采用的是 2.2.1 节所构建的回波数据 PDF 已知的 NP 检测器，虚警概率为 10^{-4}。由表 3.1 可见，在等功率干扰下，对比线性调频信号，基于通用注水法优化的雷达信号对已知目标检测概率可提升 8.34%，证明基于 SINR 准则的雷达频域信号功率谱优化设计可提升雷达目标检测性能。对比通用注水法，基于 Stackelberg 博弈的二次注水优化的雷达信号检测概率可提升 5.3%，对比线性调频信号可提高 13.64%，证明本章所设计的二次注水波形可有效提高干扰条件下雷达对目标检测概率。对比通用注水法，波形生成时间延长 0.283s（高 1.4 倍），但仍能满足实时性要求（需要说明的是，本书中计算波形耗时使用的处理器型号为英特尔酷睿 i5-4590，3.3GHz，并非在单天线平台中的实际生成时间，仅用于对比实时性能）。

3.3.2　干扰功率可变时性能分析

3.3.1 节对相同干扰功率中的雷达优化波形性能展开对比分析，证明等功率干扰下基于博弈理论的雷达波形优化策略可显著提升雷达目标检测性能。在本节中，针对不同干扰功率下的各雷达波形性能展开研究，分析所设计波形的适用性。假设干扰功率 $P_J=(10\sim30)$ dBW，图 3.4 中显示了博弈过程中各子频带内雷达功率分配随干扰功率变化情况。

由图 3.4 可以直观地看到，雷达在应对不同干扰功率时，依据二次注水法所采取的功率分配策略变化情况。干扰功率较低时，$P_J=(10\sim15)$ dBW，敌方干扰对雷达接收回波的影响较弱，雷达在进行波形设计时仍主要依据目标及环

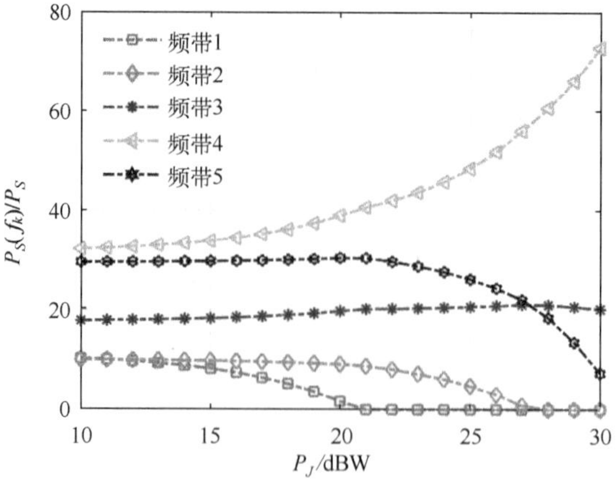

图 3.4　博弈条件下雷达功率分配策略随干扰功率变化情况

境特性；随着干扰功率不断上升，干扰信号对雷达回波的影响逐渐增强，为降低干扰影响，提高雷达目标探测性能，雷达需要在含目标信息较多的频带 4 内分配更多功率；随着干扰功率进一步增强，即 P_J>20dBW，由于双方力量对比的变化，雷达在博弈过程中逐渐处于下风，可以看到：当 P_J>21dBW 时，雷达已经不再向 $\sigma_H^2(f)$ 最低的频带 1 分配功率；当 P_J>27dBW 时，频带 2 中也不再进行信号功率分配，雷达将有限的发射功率集中于高 $\sigma_H^2(f)$ 频带来对抗敌方干扰，同时，随着干扰功率的上升，雷达在频带 3 中功率分布高于频带 5，证明在强干扰下目标冲激响应 $\sigma_H^2(f)$ 对雷达的影响要高于该频带内 TCR。不同干扰功率下雷达各波形对已知目标检测概率见图 3.5。

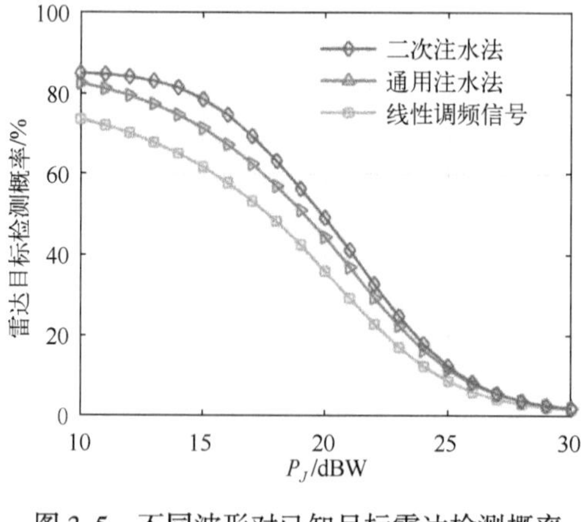

图 3.5　不同波形对已知目标雷达检测概率

由图3.5可见，与线性调频信号相比，采用注水定理对雷达信号功率谱进行优化设计，可有效提升雷达系统性能。在干扰功率低于雷达时，基于Stackelberg博弈的二次注水法可进一步提高雷达目标检测性能，进一步分析表明，雷达与干扰机功率差异会影响性能提升程度。

对比线性调频信号可知，干扰信号功率越低，其对雷达的干扰影响就越小，雷达通过对功率谱优化设计提升的检测性能就越明显；随着干扰功率升高，特别是当干扰机功率达到雷达功率10倍时（P_J=30dBW），通过优化设计波形功率谱难以改善雷达探测性能。

对比通用注水法可知，在干扰信号$P_J \leq$10dBW时，二次注水法对雷达检测性能提升效果并不显著，这是因为此时干扰功率低，对雷达影响较小，雷达通过二次注水法提升的性能也不高；在P_J=(10~20)dBW时，通过博弈理论优化信号功率谱对雷达性能提升较为明显，最高可达7.41%（P_J=16dBW），比线性调频信号带来的雷达目标检测概率高16.93%，说明此时雷达在与干扰机的博弈中居于有利地位，可充分利用频带资源提高其对目标探测性能；当P_J>20dBW时，干扰处于博弈有利地位，通过博弈策略的雷达性能提升程度开始逐渐减弱；当P_J>30dBW时，通过博弈策略对雷达信号功率谱优化设计已难以提升雷达检测性能，表明所设计方法在强干扰下具有一定的局限性。

参考文献

[1] 王璐璐. 基于信息论的自适应波形设计[D]. 长沙：国防科学技术大学，2015.

[2] Wang L, Wang H, Wong K K, et al. Minimax robust jamming techniques based on signal-to-interference-plus-noise ratio and mutual information criteria [J]. IET Communications, 2014, 8 (10): 1859-1867.

[3] Bell M R. Information theory and radar waveform design [J]. IEEE Transactions on Information Theory, 1993, 39 (5): 1578-1597.

[4] Romero R A, Bae J, Goodman N A. Theory and Application of SNR and Mutual Information Matched Illumination Waveforms [J]. IEEE Transactions on Aerospace and Electronic Systems, 2011, 47 (2): 912-927.

[5] Merrill I. Skolnik, 雷达手册（第三版）[M]. 南京电子技术研究所，译. 北京：电子工业出版社，2010.

[6] Basar T, Olsder G J. Dynamic noncooperative game theory [M]. Academic Press, Inc., New York-London, 1982.

第4章　完全信息条件下单天线雷达与干扰 Rubinstein 博弈

随着雷达技术快速发展，国内外专家学者希望雷达波形可以实时动态优化，并针对性地展开研究[1-12]。针对雷达和干扰机可以实时优化发射信号的情况，本章对单天线雷达和干扰机间动态博弈现象进行了研究。首先，构建完全信息条件下单天线雷达与干扰机动态 Rubinstein 博弈模型，对博弈理论中的纳什均衡现象展开研究，判断在雷达和干扰动态博弈中是否存在博弈均衡点，并进行分析证明；然后，在纳什均衡存在的条件下，设计了雷达波形的迭代注水方法，通过多次迭代，不断剔除雷达和干扰机博弈变化时的劣势策略，直至达到博弈均衡；最后，通过仿真验证所设计的波形优化方法的合理性。

4.1　雷达与干扰 Rubinstein 博弈模型

现代电子战中，智能雷达与智能干扰的动态博弈是必须要考虑的问题，即对抗双方都可通过不断调整自己的波形策略来改进自身利益。由于二者目标函数完全对立，构成二元零和的动态博弈模型，根据二者相互作用过程，采用 Rubinstein 博弈模型进行描述。

Rubinstein 模型又称为讨价还价模型，由马克·鲁宾斯坦（Mark Rubinstein）于 1982 年提出[13]。针对轮流出价的讨价还价流程，鲁宾斯坦基于完全信息博弈理论建立了动态讨价还价模型。在 Rubinstein 博弈模型中，一个参与者首先行动，给出行动方案（出价），其余参与者可根据已有方案制定自己的行动策略（接受或拒绝）。若其他参与者均接受，则博弈结束；若有参与者拒绝，则由其给出新的方案（还价）。如此反复，直到制定出所有人都同意的方案，即博弈达到均衡，通常将这一现象称为纳什均衡[14]。

雷达与干扰的 Rubinstein 博弈模型中，雷达根据外界环境及目标特性等设计并发射雷达探测信号，干扰机截获雷达信号后，针对雷达信号的频谱分布，设计最小化雷达接收端 SINR 的干扰信号；对雷达进行干扰后，雷达会依据干扰信号调整优化发射波形，以最大化接收端 SINR，而后干扰机再次优化干扰信号，提升干扰性能；经过往返多次调整策略后，雷达和干扰机均不能通过单边改变策略来提升自身性能，即雷达和干扰机都获得当前状态下的最佳效用函数，此时博弈达到纳什均衡。

基于认知理论，假设雷达与干扰机知晓对方的行动准则及收益函数，双方进行完全信息动态博弈，可构建雷达和干扰机 Rubinstein 模型为

$$G_{\mathrm{Rubinstein}}=\langle P,A,U,E\rangle \tag{4-1}$$

参与集：$P=\{雷达,干扰机\}$表示博弈参与者。

行动集：$A=A_r\times A_j$，其中：$A_r=\{S(f_1),\cdots,S(f_k)\}$为雷达行动策略，即雷达发射波形；$A_j=\{J(f_1),\cdots,J(f_k)\}$为干扰机行动策略。

效用集：$U=\{U_r,U_j\}$，其中：$U_r=\max\{\mathrm{SINR}\}$为雷达效用函数，旨在最大化雷达发射波形在接收机端的 SINR，$U_j=\min\{\mathrm{SINR}\}$为干扰机行动策略，旨在通过设计干扰信号，降低雷达接收端的 SINR。

均衡解：$E=\{A_r,A_j\}$表示雷达与干扰机最终取得博弈均衡时，双方所采取的行动策略。

4.2 雷达与干扰 Rubinstein 博弈波形优化

在非合作博弈中，无论对方如何选择策略，当事人一方总会有一个相对较优的策略，该策略又被称为支配性策略。如果博弈双方的策略组合由各当事人的支配性策略构成，那么这个组合就被定义为纳什均衡。在纳什均衡时，博弈双方均不能通过单边改变策略提升自身利益，处于博弈的一种平衡状态。在竞争性博弈中，若博弈具有独特的纯策略纳什均衡，那么在保守性和合理性的假设下，博弈各方都倾向于保持纳什均衡[15]。可以证明，当博弈双方具有对称信息时，博弈均衡总是存在[16]。在本章中，雷达和干扰机具有战场完全信息，且信息对称，因此，可通过研究博弈纳什均衡求解雷达与干扰机博弈中最佳波形设计方案。

4.2.1 博弈纳什均衡存在性证明

为了解决雷达和干扰机 Rubinstein 博弈中的动态波形优化问题，首先需要证明雷达与干扰机之间存在纳什均衡解。根据 3.1 节基于 SINR 的信号波形优化方法，雷达与干扰机初始信号波形可设为

$$\begin{cases}|X(f)|^2=\left(\sqrt{\dfrac{\sigma_H^2(f)(J(f)+S_{nn}(f))}{S_{cc}^2(f)\lambda}}-\dfrac{J(f)+S_{nn}(f)}{S_{cc}(f)}\right)^+\\ J(f)=\left(\sqrt{\dfrac{\sigma_H^2(f)\ |X(f)|^2}{\lambda}}-S_{cc}(f)\ |X(f)|^2-S_{nn}(f)\right)^+\\ \text{s. t.}\int_W |X(f)|^2\leqslant E_S,\int_W J(f)\leqslant E_J\end{cases}\tag{4-2}$$

为确保纳什均衡解的存在性，首先需证明雷达与干扰间为纯策略。为保证在博弈均衡时各子频带 f_k 中 $|X(f_k)|^2$ 与 $J(f_k)$ 在功率约束下得到注水解，必须满足以下 4 个特征[17]。

（1）若 $|X(f_k)|^2=0$，则有 $J(f_k)=0$；若 $J(f_k)\neq 0$，则有 $|X(f_k)|^2\neq 0$。

（2）对于任意两个子频带 f_m 与 f_n，当 $J(f_m)>0$，$J(f_n)>0$ 时，若 $\dfrac{\sigma_H^2(f_m)}{S_{cc}^2(f_m)}>\dfrac{\sigma_H^2(f_n)}{S_{cc}^2(f_n)}$，则有 $J(f_m)+S_{nn}(f_m)>J(f_n)+S_{nn}(f_n)$；若 $\dfrac{\sigma_H^2(f_m)}{S_{cc}^2(f_m)}=\dfrac{\sigma_H^2(f_n)}{S_{cc}^2(f_n)}$，则有 $J(f_m)+S_{nn}(f_m)=J(f_n)+S_{nn}(f_n)$；若 $\dfrac{\sigma_H^2(f_m)}{S_{cc}^2(f_m)}<\dfrac{\sigma_H^2(f_n)}{S_{cc}^2(f_n)}$，则有 $J(f_m)+S_{nn}(f_m)<J(f_n)+S_{nn}(f_n)$。

（3）对于任意两个子频带 f_m 与 f_n，且 $\dfrac{\sigma_H^2(f_m)}{S_{cc}^2(f_m)}\geqslant\dfrac{\sigma_H^2(f_n)}{S_{cc}^2(f_n)}$，$S_{nn}(f_m)<S_{nn}(f_n)$，若 $J(f_n)>0$，则有 $J(f_m)>0$。

（4）对于任意两个子频带 f_m 与 f_n，且 $\dfrac{\sigma_H^2(f_m)}{S_{cc}^2(f_m)}\geqslant\dfrac{\sigma_H^2(f_n)}{S_{cc}^2(f_n)}$，若 $J(f_m)+S_{nn}(f_m)\leqslant S_{nn}(f_n)$，则有 $J(f_n)=0$。

接下来，对以上 4 个特征展开分析证明。

特征（1）证明： 雷达与干扰博弈达到均衡时，如果某一频带 f_k 内不含雷达信号功率，基于合理性考虑，干扰机不会在该频带内释放干扰，否则就会浪费有限的干扰功率。为提升干扰效果，干扰机将在分配有雷达信号功率的频带内释放干扰功率，故特征（1）得证。

特征（2）证明： 当 $J(f_k)>0$ 时，由特征（1）可得 $|X(f_k)|^2>0$，将式（3-4）所得雷达优化信号波形代入式（3-8）中目标优化指标得

$$\frac{\sigma_H^2(f_k)\,|X(f_k)|^2}{S_{cc}(f_k)\,|X(f_k)|^2+J(f_k)+S_{nn}(f_k)}=\frac{\sigma_H^2(f_k)}{S_{cc}(f_k)}-\frac{\sqrt{\lambda\sigma_H^2(f_k)(J(f_k)+S_{nn}(f_k))}}{S_{cc}(f_k)}\tag{4-3}$$

为便于证明，令 $x_k = J(f_k) + S_{nn}(f_k)$，则 x_k 对子频带 f_k 中目标函数式（4-3）的贡献为

$$g_k(x_k) = \frac{\sigma_H^2(f_k)}{S_{cc}(f_k)} - \frac{\sqrt{\lambda \sigma_H^2(f_k) x_k}}{S_{cc}(f_k)} \tag{4-4}$$

当 $x_k>0$，$\lambda>0$ 时，有

$$\frac{\partial g_k(x_k)}{\partial x_k} = -\frac{\sqrt{\lambda \sigma_H^2(f_k)}}{2S_{cc}(f_k)\sqrt{x_k}} < 0 \tag{4-5}$$

$$\frac{\partial g_k^2(x_k)}{\partial x_k^2} = \frac{\sqrt{\lambda \sigma_H^2(f_k)}}{4S_{cc}(f_k) x_k^{\frac{3}{2}}} > 0 \tag{4-6}$$

由式（4-5）、式（4-6）可知，函数 $g_k(x_k)$ 的二阶导数大于零，一阶导数小于零，为单调递减的凹函数，故对于任意子频带有

$$\int_{x_n-\Delta}^{x_n} \frac{\partial g_n(x)}{\partial x} \mathrm{d}x - \int_{x_m}^{x_m+\Delta} \frac{\partial g_m(x)}{\partial x} \mathrm{d}x > 0 \tag{4-7}$$

在特征（2）中，对于任意两个子频带 f_m 和 f_n，有 $\frac{\sigma_H^2(f_m)}{S_{cc}^2(f_m)} > \frac{\sigma_H^2(f_n)}{S_{cc}^2(f_n)}$。为不失一般性，假设存在最优解 $0<x_m \leqslant x_n$，则存在一个非负数 Δ，满足 $0 \leqslant \Delta \leqslant \frac{x_n - x_m}{2}$，可得

$$\begin{aligned}
&\int_{x_n-\Delta}^{x_n} \frac{\partial g_n(x)}{\partial x} \mathrm{d}x - \int_{x_m}^{x_m+\Delta} \frac{\partial g_m(x)}{\partial x} \mathrm{d}x \\
&= \frac{\sqrt{\lambda \sigma_H^2(f_n)}}{S_{cc}(f_n)} (\sqrt{x_n - \Delta} - \sqrt{x_n}) - \frac{\sqrt{\lambda \sigma_H^2(f_m)}}{S_{cc}(f_m)} (\sqrt{x_m} - \sqrt{x_m + \Delta}) \\
&\leqslant \frac{\sqrt{\lambda \sigma_H^2(f_n)}}{S_{cc}(f_n)} (\sqrt{x_n - \Delta} - \sqrt{x_n}) - \frac{\sqrt{\lambda \sigma_H^2(f_m)}}{S_{cc}(f_m)} (\sqrt{x_n - \Delta} - \sqrt{x_n}) \\
&= \sqrt{\lambda} (\sqrt{x_n - \Delta} - \sqrt{x_n}) \left(\sqrt{\frac{\sigma_H^2(f_m)}{S_{cc}^2(f_m)}} - \sqrt{\frac{\sigma_H^2(f_n)}{S_{cc}^2(f_n)}} \right) \leqslant 0
\end{aligned} \tag{4-8}$$

显然，这与式（4-7）矛盾，故不存在 $x_m \leqslant x_n$ 满足 $\frac{\sigma_H^2(f_m)}{S_{cc}^2(f_m)} > \frac{\sigma_H^2(f_n)}{S_{cc}^2(f_n)}$。因此，通过反证法，特征（2）得证。

特征（3）证明：由特征（2）知，对于任意两个子频带 f_m 与 f_n，当 $\frac{\sigma_H^2(f_m)}{S_{cc}^2(f_m)} \geqslant \frac{\sigma_H^2(f_n)}{S_{cc}^2(f_n)}$ 时，有 $J(f_m)+S_{nn}(f_m) \geqslant J(f_n)+S_{nn}(f_n)$。由于 $S_{nn}(f_m)<S_{nn}(f_n)$，故 $J(f_m)>J(f_n)>0$，特征（3）得证。

特征（4）证明：由特征（2）知，对于任意两个子频带 f_m 与 f_n，当 $\frac{\sigma_H^2(f_m)}{S_{cc}^2(f_m)} \geqslant \frac{\sigma_H^2(f_n)}{S_{cc}^2(f_n)}$ 时，可得

$$J(f_m)+S_{nn}(f_m) \geqslant J(f_n)+S_{nn}(f_n) \tag{4-9}$$

由于 $J(f_m)+S_{nn}(f_m) \leqslant S_{nn}(f_n)$ 且 $J(f_n) \geqslant 0$，故有

$$J(f_m)+S_{nn}(f_m) \leqslant J(f_n)+S_{nn}(f_n) \tag{4-10}$$

综合可得 $J(f_m)+S_{nn}(f_m)=S_{nn}(f_n)$，$J(f_n)=0$，特征（4）得证。

综合以上 4 项特征可知，雷达与干扰博弈的纯策略组合存在。

4.2.2 迭代注水波形设计

约翰·福布斯·纳什对非合作博弈中的均衡现象展开了研究。1950 年，在其代表性论文《N 人博弈的均衡点》中表明，非合作博弈可通过重复剔除严格劣势实现纳什均衡[14]。

重复剔除严格劣势策略，即不断对博弈参与人的劣势策略进行剔除，直至博弈中仅留下唯一的策略组合，以确定所有人的共同优势策略组合。这个唯一的策略组合就是博弈的均衡解，又称为重复剔除的占优均衡。

为找到单天线雷达与干扰机博弈的占优均衡，采用迭代的方式剔除博弈中的劣势策略。将式（4-2）中雷达波形和干扰波形分别代入干扰波形及雷达波形可得

$$|X(f)|^2=\left(\sqrt{\frac{\sigma_H^2(f)\left(\sqrt{\frac{\sigma_H^2(f)\,|X(f)|^2}{\lambda}}-S_{cc}(f)\,|X(f)|^2-S_{nn}(f)+S_{nn}(f)\right)}{S_{cc}^2(f)\,\lambda}}-\frac{\sqrt{\frac{\sigma_H^2(f)\,|X(f)|^2}{\lambda}}-S_{cc}(f)\,|X(f)|^2-S_{nn}(f)+S_{nn}(f)}{S_{cc}(f)}\right)^+ \tag{4-11}$$

$$J(f)=\left(\sqrt{\frac{\sigma_H^2(f)\left(\sqrt{\frac{\sigma_H^2(f)\,(J(f)+S_{nn}(f))}{S_{cc}^2(f)\lambda}}-\frac{J(f)+S_{nn}(f)}{S_{cc}(f)}\right)}{\tilde{\lambda}}}-S_{cc}(f)\left(\sqrt{\frac{\sigma_H^2(f)\,(J(f)+S_{nn}(f))}{S_{cc}^2(f)\lambda}}-\frac{J(f)+S_{nn}(f)}{S_{cc}(f)}\right)^+-S_{nn}(f)\right)^+ \tag{4-12}$$

化简式（4-11）和式（4-12）得

$$|X(f)|^2=\left(\frac{\sigma_H^2(f)}{\lambda\left(\frac{\lambda}{\tilde{\lambda}}+S_{cc}(f)\right)^2}\right)^+ \tag{4-13}$$

$$J(f)=\left(\frac{\sigma_H^2(f)}{\lambda\left(\frac{\tilde{\lambda}}{\lambda}S_{cc}(f)+1\right)^2}-S_{nn}(f)\right)^+ \tag{4-14}$$

观察式（4-13）和式（4-14）可知，在单天线雷达与干扰机博弈中，最终波形优化策略是由各子频带内的目标冲激响应 $\sigma_H^2(f_k)$、杂波 $S_{cc}(f_k)$、噪声 $S_{nn}(f_k)$ 以及雷达波形注水因子 λ、干扰波形注水因子 $\tilde{\lambda}$ 确定。在目标环境确定的条件下，各频带功率谱密度为定值，而受双方策略及限制功率等多方影响，注水因子为非定值。因此，最终雷达与干扰波形博弈策略取决于雷达与干扰注水因子项，可通过调整双方注水因子来确定均衡策略。故迭代注水波形设计算法流程可归纳如表 4.1 所列。

表 4.1　迭代注水算法

1	初始化双方策略	$X(f_k)=X(f_k)_0$，$J(f_k)=J(f_k)_0$
2	最大化雷达效益	$\max\limits_{\mathrm{SINR}}(X(f_k)^*,\lambda)$
3	更新雷达策略	$X(f_k)=X(f_k)^*$
4	最大化干扰效益	$\min\limits_{\mathrm{SINR}}(J(f_k)^*,\tilde{\lambda})$
5	更新干扰策略	$J(f_k)=J(f_k)^*$
6	重复步骤 2~5，直到 $X(f_k)^*$ 与 $J(f_k)^*$ 保持不变	

迭代过程中，雷达与干扰的波形策略可表示为

$$\begin{cases} |X(f)|^2 = \left(\sqrt{\dfrac{\sigma_H^2(f)(J(f)+S_{nn}(f))}{S_{cc}^2(f)\lambda}} - \dfrac{J(f)+S_{nn}(f)}{S_{cc}(f)}\right)^+ \\ J(f) = \left(\sqrt{\dfrac{\sigma_H^2(f)\ |X(f)|^2}{\lambda}} - S_{cc}(f)\ |X(f)|^2 - S_{nn}(f)\right)^+ \\ \text{s. t.} \int_W |X(f)|^2 \mathrm{d}f \leqslant E_S, \int_W J(f)\mathrm{d}f \leqslant E_J \end{cases} \tag{4-15}$$

4.3 仿真测试及性能分析

本节对所设计的迭代注水优化波形进行仿真分析。首先对单天线雷达和干扰机 Rubinstein 博弈中的纳什均衡现象展开研究，通过仿真验证多次迭代注水方法的收敛性；然后从信号功率谱分布、SINR 和检测概率等方面同第 3 章波形设计方法进行对比，仿真实验中雷达及目标等参数设置同第 3 章一致。

4.3.1 干扰功率固定时性能分析

本节对单天线雷达和干扰机 Rubinstein 动态博弈的纳什均衡现象展开分析，验证迭代注水算法是否收敛。图 4.1 显示了在博弈迭代过程中雷达接收端获取的 SINR，从图中可以看出在雷达与干扰经历 6 次迭代后，SINR 收敛于 9.782dB，此时双方均不能通过改变波形策略来提高自身收益，Rubinstein 博弈达到纳什平衡，此状态下雷达波形为博弈最优波形。不同策略下雷达和干扰 Rubinstein 博弈 SINR 收益在图 4.2 中得到了更为直观地反映。

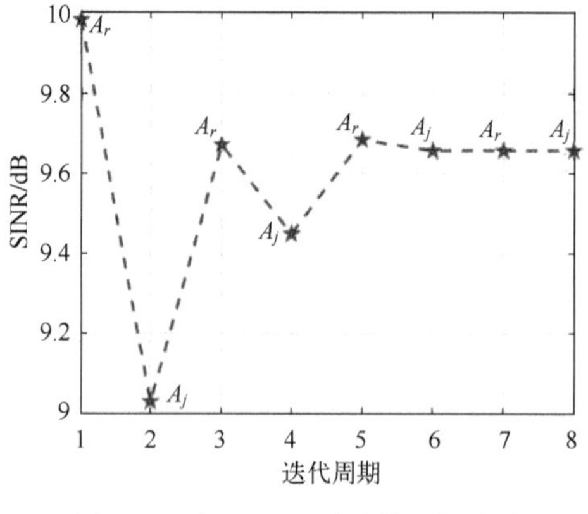

图 4.1　雷达 SINR 随迭代周期变化

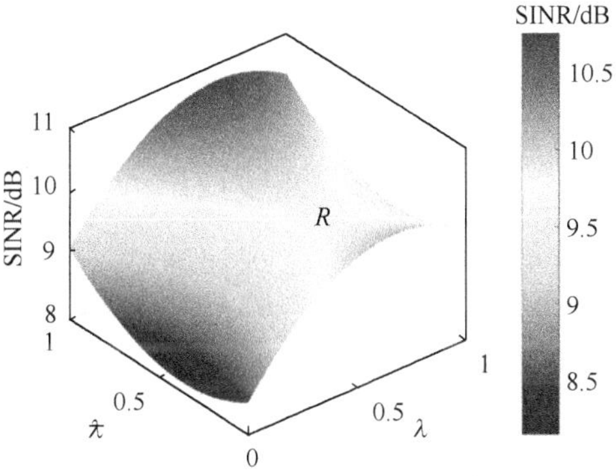

图 4.2　各策略的 SINR 收益

图 4.2 中可清楚地看出 R 点就是双方博弈的纳什均衡点，到达此点后任何一方都不可能通过单边改变自身策略来获得收益，此时雷达注水因子 $\lambda=0.673$，干扰注水因子$\tilde{\lambda}=0.376$，SINR 为 9.782dB。针对不同优化波形，单天线雷达与干扰机在不同子频带内的功率分布情况如图 4.3 所示。

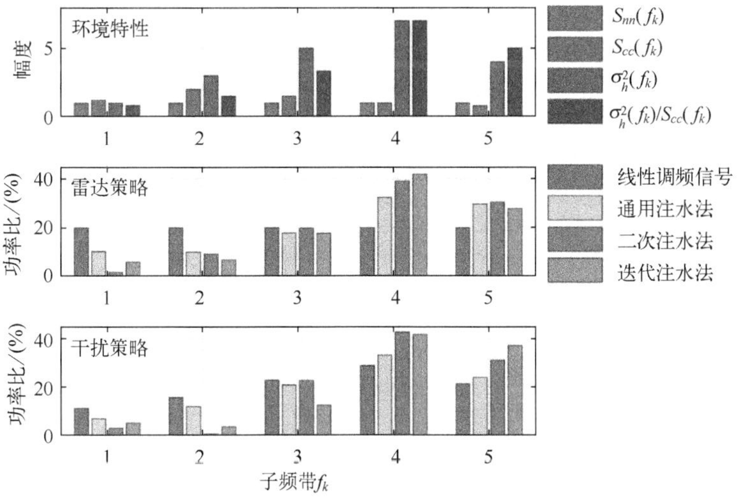

图 4.3　雷达和干扰在不同子频带中功率分配情况

对比不同波形设计策略可知，一方面雷达受干扰信号影响，迭代注水法会在目标冲激响应更高的频带分配更多功率，以抑制干扰、提高雷达获取信息程度，如频带 4。另一方面，目标冲激响应较弱的频带更易受双方影响，如含目标信息较少的频带 1，在第 3 章二次注水的功率分配中几乎被忽略，但由于迭代过程中双方不断向高 TCR 频带注入功率，而高 TCR 频带性能增长不能完全弥补雷达在其他频带的性能损失，故低 TCR 频带上的对抗也成为博弈不可忽视的一点。各信号的具体雷达频域波形功率谱如图 4.4 所示。

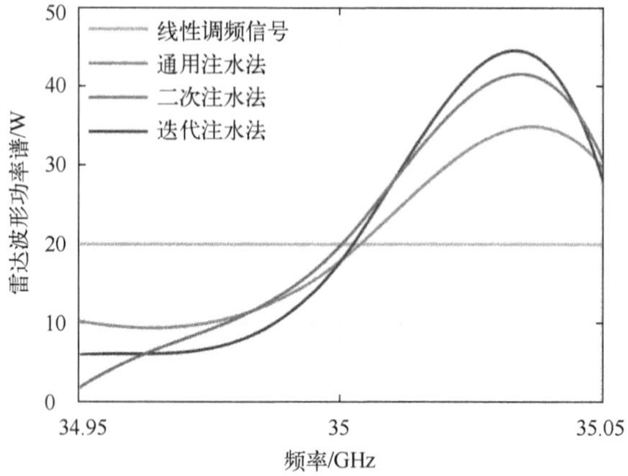

图 4.4　雷达频域波形功率谱

表 4.2 中体现了不同雷达波形的 SINR、检测概率及波形生成耗时的对比情况（本节中计算波形耗时使用的处理器型号依旧为英特尔酷睿 i5-4590，3.3GHz，NP 检测器虚警概率为 10^{-4}）。

表 4.2　各优化信号性能对比

雷达信号	SINR/dB	检测概率	波形生成耗时/s
线性调频信号	8.783	36.50%	-
通用注水法	9.287	44.84%	0.202
二次注水法	9.605	50.14%	0.485
迭代注水法	9.782	53.08%	1.537

对比二次注水信号，本节基于纳什均衡设计的迭代注水信号 SINR 可提升 0.177dB，检测概率可提升 2.94%，但由于多次迭代运算过程导致雷达实时性有所下降，波形生成耗时延长 1.052s，同时对比未考虑博弈的通用注水法优化的雷达信号、线性调频信号，其检测概率分别可提升 8.24%和 16.58%。结合雷达对目标探测的准确性及实时性要求，通过迭代注水法优化的雷达信号具有其实际应用价值。

4.3.2　干扰功率可变时性能分析

4.3.1 节分析了雷达等功率干扰时波形优化性能，本节对不同干扰功率下雷达波形性能展开分析，假设干扰机功率 $P_J=(10\sim30)\,\text{dB}$，图 4.5 显示了博弈过程中雷达功率分配策略随干扰功率变化情况。

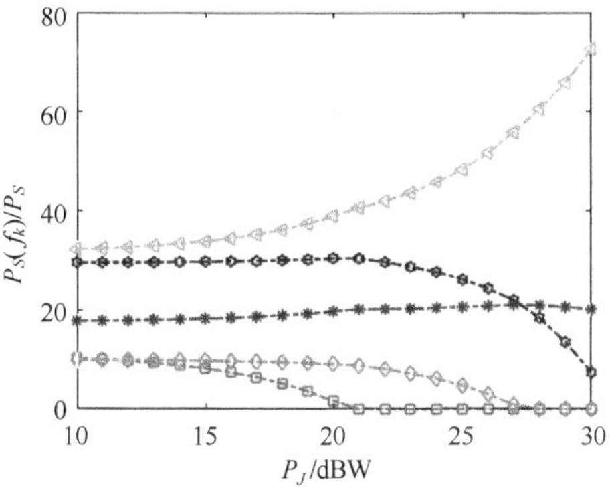

(a) 二次注水法

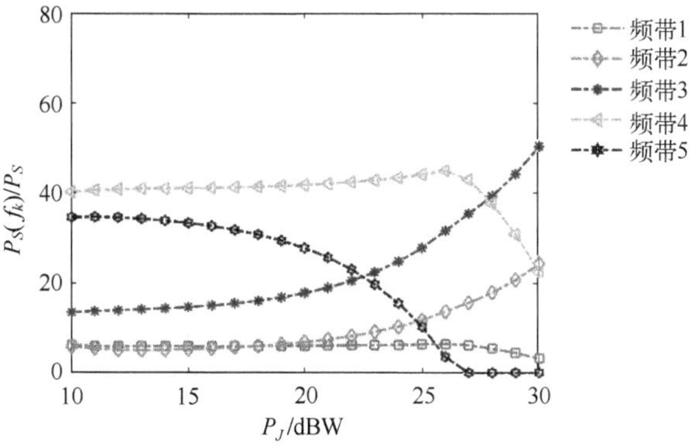

(b) 迭代注水法

图 4.5　不同干扰下雷达功率分配策略

由图 4.5 可知，当干扰功率低于雷达功率时，通过双方不断的动态博弈，雷达会在高 TCR 频带分配更高的信号功率；而随着干扰功率的上升，高 TCR 频带已逐渐被干扰信号占据，雷达需调整其功率分配策略。在二次注水法中，雷达会将有限的功率集中于目标冲激响应最高的频带 4 中，放弃低 TCR 频带的目标信息，以对抗干扰信号；而在迭代注水法中，雷达则会将更多的功率分配到 TCR 较低但目标冲激响应 $\sigma_H^2(f)$ 较高的频带，如频带 3，来避免在高 TCR

频带同干扰的对抗，期望从低 TCR 频带获取更多信息。可见在强干扰功率下，二次注水法期望在高 TCR 频带注入更多功率来对抗干扰信号，而迭代注水法则期望在低 TCR 高 $\sigma_H^2(f)$ 频带获取更多信息来躲避干扰。

图 4.6 显示了不同优化波形对已知目标的探测概率。

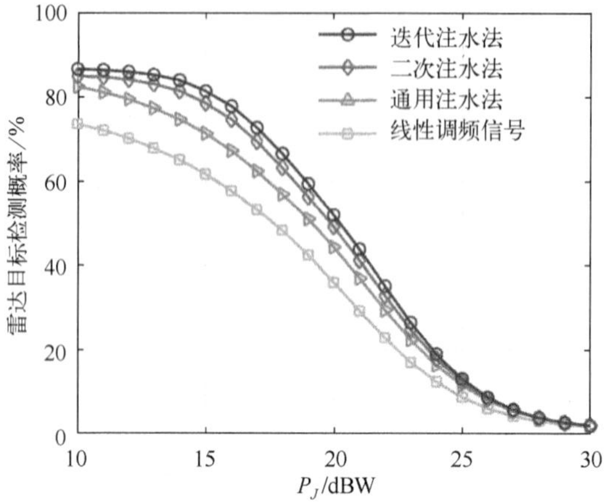

图 4.6　不同波形对已知目标雷达检测概率

由图 4.6 可见在干扰功率较低时，$P_J=(10\sim15)$ dBW，基于 Rubinstein 博弈理论设计的迭代注水法可尽可能地降低干扰对雷达影响，在此阶段雷达性能下降缓慢；在干扰功率同雷达功率相近的情况下，$P_J=(15\sim25)$ dBW，随干扰功率的上升，雷达性能开始有明显的下降，但同其他波形设计方法进行横向对比，可发现此阶段也是迭代注水方法提升雷达性能最明显的阶段。例如，在 $P_J=17$dBW 时，迭代注水波形对比二次注水法、通用注水法及线性调频信号，检测概率分别可提升 3.29%，10.26% 和 19.41%；而在干扰功率过强时，$P_J=(25\sim30)$ dBW，虽然经过迭代注水的波形设计采取向低 TCR 高 $\sigma_H^2(f)$ 频带注入更多信号功率来躲避干扰，但由于干扰信号过高，故效果并不显著。

综上可得，基于 Rubinstein 博弈均衡的迭代注水波形设计方法对雷达性能提升显著，在发射功率恒定的条件下，雷达可基于动态博弈理论优化发射波形功率谱来合理躲避干扰，提高目标检测性能，同时雷达与干扰间的功率差异会影响所设计波形的性能提升效果。

参考文献

[1] Haykin S. Cognitive radar: a way of the future [J]. IEEE Signal Processing Magazine, 2006, 23 (1): 30-40.

[2] Guerci J R. Cognitive radar: A knowledge-aided fully adaptive approach [C]. Radar Conference. IEEE, 2010: 1365-1370.

[3] Adve R S, Wicks M C, Hale T D, et al. Ground moving target indication using knowledge based space time adaptive processing [C]. IEEE International Radar Conference, VA USA, 2000: 735-740.

[4] Schrader G E. The knowledge aided sensor signal processing and expert reasoning (KASSPER) real-time signal processing architecture [radar signal processing] [C]. IEEE Radar Conference, IEEE, 2004.

[5] Page D, Owirka G. Knowledge-Aided STAP Processing for Ground Moving Target Indication Radar Using Multilook Data [J]. Eurasip Journal on Advances in Signal Processing, 2006, 2006 (1): 1-16.

[6] Guerci J R, Baranoski E J. Knowledge-aided adaptive radar at DARPA: an overview [J]. IEEE Signal Processing Magazine, 2006, 23 (1): 41-50.

[7] De Maio A, Farina A, Foglia G. Knowledge-Aided Bayesian Radar Detectors & Their Application to Live Data [J]. IEEE Transactions on Aerospace and Electronic Systems, 2010, 46 (1): 170-183.

[8] Guerci J R, Guerci R M, Lackpour A, et al. Joint design and operation of shared spectrum access for radar and communications [C]. IEEE Radar Conference, VA USA, 2015: 761-766.

[9] Guerci J R, Bergin J S, Guerci R J, et al. A new MIMO clutter model for cognitive radar [C]. 2016 IEEE Radar Conference (RadarConf), Philadelphia, PA, USA, 2016: 1-6.

[10] Haykin S. Cognitive radar networks [C]. Fourth IEEE Workshop on Sensor Array and Multichannel Processing, 2006: 1-24.

[11] Fulvio Gini, Muralidhar Rangaswamy, knowledge Based Radar Detection, Tracking and Classification [M]. New Jersey: John Wiley&Sons Inc, 2007.

[12] Haykin S, Xue Y, Setoodeh P. Cognitive Radar: Step Toward Bridging the Gap Between Neuroscience and Engineering [J]. Proceedings of the IEEE, 2012, 100 (11): 3102-3130.

[13] Binmore K, Wolinsky R A. The Nash Rubinsteining Solution in Economic Modelling [J]. The RAND Journal of Economics, 1986, 17 (2): 176-188.

[14] Nash J F Jr. The Rubinsteining Problem [J]. Econometrica, 1950, 18 (2): 155-162.

[15] Hamilton J H, Slutsky S M. Endogenous timing in duopoly games: Stackelberg or cournot equilibria [J]. Games and Economic Behavior, 1990, 2 (1): 29-46.

[16] Caraballo M A, Mármol A M, Monroy L, et al. Cournot competition under uncertainty: conservative and optimistic equilibria [J]. Review of Economic Design, 2015, 19 (2): 145-165.

[17] Song X, Willett P, Zhou S, et al. The MIMO Radar and Jammer Games [J]. IEEE Transactions on Signal Processing, 2012, 60 (2): 687-699.

第 5 章　不完全信息条件下单天线雷达与干扰 Bayesian 博弈

第 3 章和第 4 章分别从 Stackelberg 模型和 Rubinstein 模型对雷达波形设计方法进行了介绍，但是这两章的研究都是假定雷达对目标和环境等信息完全已知。在实际中，由于电磁波传播的复杂性，雷达很难获取所有对抗环境信息，致使第 3 章和第 4 章的优化设计算法所带来的雷达性能提升就会有所下降。因此，在信息获取不充分的条件下，如何优化雷达波形，成为亟待解决的重要问题。

本章基于己方雷达未知目标类型、干扰方已知雷达类型但不清楚雷达接收机端噪声的假设，针对不完全信息条件下雷达和干扰博弈波形展开研究。首先，构建了不完全信息单天线雷达和干扰机 Bayesian 博弈模型，依据海萨尼转换，采用目标概率集合对未知信息进行表示；然后，将第 3 章和第 4 章的波形设计方法应用于 Bayesian 博弈模型，并对 Bayesian 纳什均衡存在性展开研究；最后，对雷达波形带来的雷达性能进行仿真测试，验证不完全信息条件下雷达波形带来的雷达探测性能提升情况。

5.1　雷达与干扰 Bayesian 博弈模型

Bayesian 博弈也称为不完全信息博弈，是指博弈参与者对于其他参与者的信息（如目标类型、行动策略、收益函数等）不了解或了解得不够准确，在这种情况下进行的博弈就是不完全信息博弈。

针对不完全信息博弈问题，约翰·海萨尼[1]提出：在 Bayesian 博弈中引入一个虚拟的参与者“自然”，将不完全信息博弈转换成一个等价的完全信息博弈。首先由“自然”进行选择，赋予每个参与者各类型出现的概率或概率密度函数，即赋予不同参与者不同的随机变量。然后，“自然”根据每个参与者的类型空间及其概率分布，随机地替每个参与者选取一种类型及收益函数，从而进行博弈。这种转换方法被称为“海萨尼转换”，目前已成为处理不完全信息博弈的标准方法。最后，构建雷达与干扰的 Bayesian 博弈模型，根据雷达已知的先验知识，赋予其可能探测到不同类型目标出现的概率，用概率集合描述未知目标特性，进行博弈中的资源分配，以解决不完全信息条件下雷达同干扰机博弈中的功率资源分配问题。

本章从 SINR 的角度出发，假设己方单天线雷达不清楚目标散射特性、敌方干扰机未知己方雷达接收机端噪声情况，但双方可通过未知变量可能的先验分布估计未知信息，其余信息双方已知。构建雷达与干扰机 Bayesian 博弈模型，以概率集来代替目标信息，对前两章中波形优化方法进行再设计。雷达和干扰 Bayesian 模型的数学表达式为

$$G_{\text{Bayesian}}=\langle P,T,A,\theta,U,E\rangle \tag{5-1}$$

参与集：$P=\{$雷达,干扰机$\}$表示博弈参与者。

类型集：$T=T_r\times T_j$，其中：$T_r=\{\sigma_1,\cdots,\sigma_I\}$表示探测目标可能具有的目标散射系数；$T_j=\{n_1,\cdots,n_I\}$表示雷达接收端噪声功率。在此模型中，雷达接收机的局部噪声功率水平决定了雷达的类型，目标散射系数决定了目标的类型。

行动集：$A=A_r\times A_j$，其中：$A_r=\{S(f_1),\cdots,S(f_k)\}$为雷达行动策略，即雷达发射波形；$A_j=\{J(f_1),\cdots,J(f_k)\}$为干扰机行动策略。

概率集：$\theta=\theta_r\times\theta_j$，其中：$\theta_r=\{P_{\sigma_1},\cdots,P_{\sigma_I}\}$表示不同类型的目标可能出现的概率集合；$\theta_j=\{P_{n_1},\cdots,P_{n_I}\}$表示雷达接收端不同等级噪声的出现概率。

效用集：$U=\{U_r,U_j\}$，其中：$U_r=\max\{\text{SINR}\}$为雷达效用函数，旨在最大化雷达发射波形在接收机端的 SINR；$U_j=\min\{\text{SINR}\}$为干扰机行动策略，旨在通过设计干扰信号，降低雷达接收端 SINR。

均衡解：$E=\{A_r,A_j\}$表示雷达与干扰机最终取得博弈均衡时，双方所采取的策略。

5.2 不完全信息条件下雷达波形设计

在 Bayesian 博弈中，雷达与干扰博弈的过程可分为两个阶段：第一阶段为虚拟参与者“自然”的行动选择，“自然”根据参与者类型的空间概率分布选择目标类型；第二阶段为去除“自然”后其他参与者的完全信息博弈，即雷达和干扰机根据“自然”选择的目标概率分布进行动态博弈。在双方零和博弈过程中，上述过程等价于双方直接将未知目标可能的概率集合作为目标类型进行完全信息动态博弈[2]，节省了“自然”的选择时间，提高了博弈效率。由于本章研究的单天线雷达与干扰机不完全信息博弈问题为二元零和的不完全信息博弈，满足上述要求，故本节采用这种方法，以目标概率集合对目标类型进行表示。

5.2.1　雷达波形二次注水优化

本节将 3.2 节所设计的雷达二次注水波形应用于不完全信息条件，通过目标概率集合重新设计雷达波形，为简化计算，将式（2-33）离散化表示为

$$\mathrm{SINR}=\Delta f\sum_{k=1}^{K}\frac{\sigma_H^2(f_k)\ |S(f_k)|^2}{S_{cc}(f_k)\ |X(f_k)|^2+S_{nn}(f_k)+J(f_k)} \tag{5-2}$$

假设单天线雷达具有部分认知能力，它可以获得杂波、噪声等先验信息，但不能准确估计目标类型，为了实现信号优化，需通过前期获得的先验知识对目标类型进行估计。基于保守性和合理性的假设，雷达信号优化策略可表示为

$$\begin{cases}\max\limits_{|X(f_k)|^2}\Delta f\sum\limits_{k=1}^{K}\dfrac{\left(\sum\limits_{i=1}^{I}P_i\sigma_i^2(f_k)\right)|X(f_k)|^2}{S_{cc}(f_k)\ |X(f_k)|^2+S_{nn}(f_k)+J_r(f_k)}\\ \text{s. t. }\Delta f\sum\limits_{k=1}^{K}|X(f_k)|^2\leqslant P_S,\quad k=1,2,\cdots,K\end{cases} \tag{5-3}$$

式中：$\sigma_i^2(f_k)$为雷达估算的目标谱方差；P_i为真实目标 $\sigma_i^2(f_k)$的概率函数。需要注意的是，$J_r(f_k)$为雷达根据干扰优化准则估计的干扰信号样式，并非真实干扰信号。

接下来对干扰波形进行分析估计。假设单天线雷达已知干扰准则为最小化雷达端 SINR，则雷达估计的干扰波形可表示为

$$\begin{cases}\min\limits_{J_r(f_k)}\Delta f\sum\limits_{k=1}^{K}\dfrac{\left(\sum\limits_{i=1}^{I}P_i\sigma_i^2(f_k)\right)|X(f_k)|^2}{S_{cc}(f_k)\ |X(f_k)|^2+S_{nn}(f_k)+J_r(f_k)}\\ \text{s. t. }\Delta f\sum\limits_{k=1}^{K}J_r(f_k)\leqslant P_J,\quad k=1,2,\cdots,K\end{cases} \tag{5-4}$$

构建拉格朗日乘数方程得

$$L(J_r(f_k),\lambda_r)=\Delta f\sum_{k=1}^{K}\frac{\left(\sum\limits_{i=1}^{I}P_i\sigma_i^2(f_k)\right)|X(f_k)|^2}{S_{cc}(f_k)\ |X(f_k)|^2+S_{nn}(f_k)+J_r(f_k)}+\lambda_r\left(P_J-\Delta f\sum_{k=1}^{K}J(f_k)\right) \tag{5-5}$$

解得雷达估计的干扰波形为

$$J_r(f_k)=\left(\sqrt{\frac{\left(\sum_{i=1}^{I}P_i\sigma_i^2(f_k)\right)|X(f_k)|^2}{\lambda_r}}-S_{cc}(f_k)|X(f_k)|^2-S_{nn}(f_k)\right)^+ \tag{5-6}$$

依据二次注水波形设计方法，雷达波形策略可改写为

$$\begin{cases}\max\limits_{|X(f_k)|^2}\Delta f\sum\limits_{k=1}^{K}\dfrac{\left(\sum\limits_{i=1}^{I}P_i\sigma_i^2(f_k)\right)|X(f_k)|^2}{S_{cc}(f_k)|X(f_k)|^2+S_{nn}(f_k)+J_r(f_k)}\\ \text{s. t. } J_r(f_k)=\left(\sqrt{\dfrac{\left(\sum\limits_{i=1}^{I}P_i\sigma_i^2(f_k)\right)|X(f_k)|^2}{\lambda_r}}-S_{cc}(f_k)|X(f_k)|^2-S_{nn}(f_k)\right)^+\\ \text{s. t. } \Delta f\sum\limits_{k=1}^{K}|X(f_k)|^2\leqslant P_S\end{cases} \tag{5-7}$$

构造拉格朗日方程为

$$\begin{aligned}L(|X(f_k)|^2,\lambda_2,\lambda_3)=&\Delta f\sum_{k=1}^{K}\frac{\left(\sum_{i=1}^{I}P_i\sigma_i^2(f_k)\right)|X(f_k)|^2}{S_{cc}(f_k)|X(f_k)|^2+S_{nn}(f_k)+J_r(f_k)}+\\&\lambda_2\left(J_r(f_k)-\sqrt{\frac{\left(\sum_{i=1}^{I}P_i\sigma_i^2(f_k)\right)|X(f_k)|^2}{\lambda_r}}+\right.\\&\left.S_{cc}(f_k)|X(f_k)|^2+S_{nn}(f_k)\right)+\\&\lambda_3\left(P_S-\Delta f\sum_{k=1}^{K}|X(f_k)|^2\right)\end{aligned} \tag{5-8}$$

求解上述方程，通过二次注水方法重新分配频域能量，得到单天线雷达在各频带的优化波形表示为

$$|X(f_k)|^2=\left(\frac{\left(\sum_{i=1}^{I}P_i\sigma_i^2(f_k)\right)(2\lambda_r-\lambda_2)^2}{4\lambda_r(\lambda_3-(\lambda_2+\lambda_r)S_{cc}(f_k))^2}\right)^+ \tag{5-9}$$

接下来设计干扰信号。假设干扰机对雷达接收机端噪声没有准确信息，但其对雷达方可能噪声功率水平有大致了解，基于保守性和合理性的假设，干扰方可采用以下策略优化，即

$$\begin{cases}\min\limits_{J(f_k)}\Delta f\sum\limits_{k=1}^{K}\dfrac{\sigma_H^2(f_k)\ |X(f_k)|^2}{S_{cc}(f_k)\ |X(f_k)|^2+\left(\sum\limits_{i=1}^{I}P_i n_i(f_k)\right)+J(f_k)} \\ \text{s. t. }\Delta f\sum\limits_{k=1}^{K}J(f_k)\leqslant P_J,\quad k=1,2,\cdots,K\end{cases} \tag{5-10}$$

式中：$n_i(f_k)$为干扰机估算的噪声功率谱；P_i表示$n_i(f_k)$为真的概率。构建拉格朗日乘数方程得

$$L(J(f_k),\lambda)=\Delta f\sum_{k=1}^{K}\frac{\sigma_H^2(f_k)\ |X(f_k)|^2}{S_{cc}(f_k)\ |X(f_k)|^2+\left(\sum\limits_{i=1}^{I}P_i n_i(f_k)\right)+J(f_k)}+\lambda\left(P_J-\Delta f\sum_{k=1}^{K}J(f_k)\right) \tag{5-11}$$

解得干扰波形为

$$J(f_k)=\left(\sqrt{\frac{\sigma_H^2(f_k)\ |X(f_k)|^2}{\lambda}}-S_{cc}(f_k)\ |X(f_k)|^2-\left(\sum_{i=1}^{I}P_i n_i(f_k)\right)\right)^{+} \tag{5-12}$$

最终，不完全信息条件下雷达与干扰机的波形对抗策略可表示为

$$\begin{cases}|X(f_k)|^2=\left(\dfrac{\left(\sum\limits_{i=1}^{I}P_{\sigma_i}\sigma_i^2(f_k)\right)(2\lambda_r-\lambda_2)^2}{4\lambda_r(\lambda_3-(\lambda_2+\lambda_r)S_{cc}(f_k))^2}\right)^{+} \\ J(f_k)=\left(\sqrt{\dfrac{\sigma_H^2(f_k)\ |X(f_k)|^2}{\lambda}}-S_{cc}(f_k)\ |X(f_k)|^2-\left(\sum\limits_{i=1}^{I}P_i n_i(f_k)\right)\right)^{+} \\ \text{s. t. }\Delta f\sum\limits_{k=1}^{K}\ |X(f_k)|^2\leqslant P_S,\Delta f\sum\limits_{k=1}^{K}J(f_k)\leqslant P_J\end{cases} \tag{5-13}$$

5.2.2　雷达波形迭代注水优化

假设雷达和干扰双方虽然不清楚对手信息，但能够捕获对手波形，进行实时动态博弈，因此可依据式（5-3）中的雷达波形优化准则，给出 Bayesian 博弈模型下依据迭代注水算法得到的雷达最优波形为

$$|X(f_k)|^2=\left(\sqrt{\frac{\left(\sum\limits_{i=1}^{I}P_i\sigma_i^2(f_k)\right)(J_r(f_k)+S_{nn}(f_k))}{S_{cc}^2(f_k)\lambda}}-\frac{J_r(f_k)+S_{nn}(f_k)}{S_{cc}(f_k)}\right)^{+} \tag{5-14}$$

式（5-15）表示单天线雷达和干扰机在迭代过程中的优化策略，即

$$
\begin{cases}
|X(f_k)|^2 = \left(\sqrt{\dfrac{\left(\sum\limits_{i=1}^{I} P_{\sigma_i}\sigma_i^2(f_k)\right)(J(f_k)+S_{nn}(f_k))}{S_{cc}^2(f_k)\lambda}} - \dfrac{J(f_k)+S_{nn}(f_k)}{S_{cc}(f_k)} \right)^+ \\
J(f_k) = \left(\sqrt{\dfrac{\sigma_H^2(f_k)\ |X(f_k)|^2}{\tilde{\lambda}}} - S_{cc}(f_k)\ |X(f_k)|^2 - \left(\sum\limits_{i=1}^{I} P_i n_i(f_k)\right) \right)^+ \\
\text{s. t. } \Delta f \sum\limits_{k=1}^{K} |X(f_k)|^2 \leqslant P_S, \Delta f \sum\limits_{k=1}^{K} J(f_k) \leqslant P_J
\end{cases}
\tag{5-15}
$$

算法流程如表 5.1 所列。

表 5.1　Bayesian 模型中迭代注水法

1	初始化双方策略，对未知参数进行估计	$X(f_k)=X(f_k)_0$，$J(f_k)=J(f_k)_0$
2	最大化雷达效益	$\max\limits_{\mathrm{SINR}}(X(f_k)^*, \lambda)$
3	更新雷达策略	$X(f_k)=X(f_k)^*$
4	最大化干扰效益	$\min\limits_{\mathrm{SINR}}(J(f_k)^*, \tilde{\lambda})$
5	更新干扰策略	$J(f_k)=J(f_k)^*$
6	重复步骤 2~5，直到 $X(f_k)^*$ 与 $J(f_k)^*$ 保持不变	

由于还没出现雷达领域 Bayesian 纳什均衡的准确数学定义，难以通过数学推导的方式验证 Bayesian 纳什均衡点的存在性，本书直接通过仿真测试迭代注水方法是否收敛，验证单天线雷达与干扰机 Bayesian 博弈中纳什均衡解的存在性。

5.3　仿真测试及性能分析

下面对不完全信息条件下雷达博弈波形性能进行仿真，验证单天线雷达与干扰机在 Bayesian 博弈中是否存在纳什均衡现象，并对比两种波形设计方法，验证各波形策略性能提升效果及代价。假设雷达所估计的目标响应可能为 $\{\sigma_1^2(f_k)\}=\{1,3,5,7,4\}$，$\{\sigma_2^2(f_k)\}=\{2,3,6,4,5\}$ 及 $\{\sigma_3^2(f_k)\}=\{4,6,5,4,1\}$，概率分别为 $P_{\sigma_1}=50\%$，$P_{\sigma_2}=30\%$，$P_{\sigma_3}=20\%$，干扰对雷达接收端噪声估计值为 $n_1(f_k)=1$，$n_2(f_k)=2$，$P_{n_1}=50\%$，$P_{n_2}=50\%$，其他参数同第 3 章一致。

5.3.1　干扰功率固定时性能分析

下面分析等功率条件下单天线雷达和干扰机的不完全信息博弈，验证 Bayesian 模型中的迭代注水算法是否收敛。图 5.1 显示了不完全信息博弈中雷达接收端 SINR 随迭代次数增加的收敛情况，可以看出，雷达与干扰经历 8 次迭代后，SINR 最终收敛于 9.503dB，这说明在单天线雷达与干扰机的 Bayesian 模型中存在着博弈纳什均衡解，通过迭代注水算法可实现雷达不完全信息博弈的最优策略。图 5.2 所示的 SINR 收益变化图展示了不完全信息博弈中的纳什均衡现象。

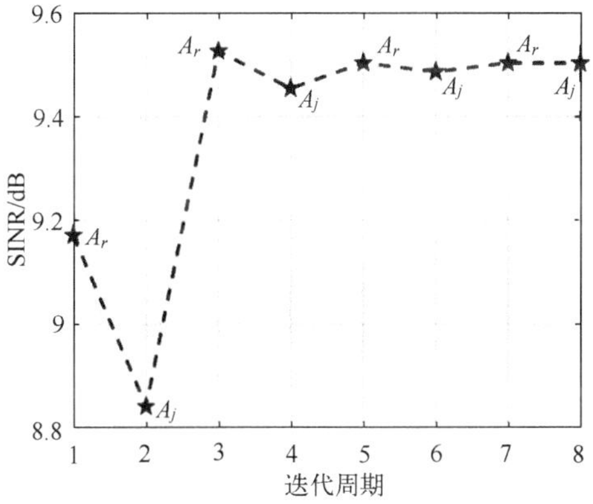

图 5.1　雷达 SINR 随迭代周期变化关系

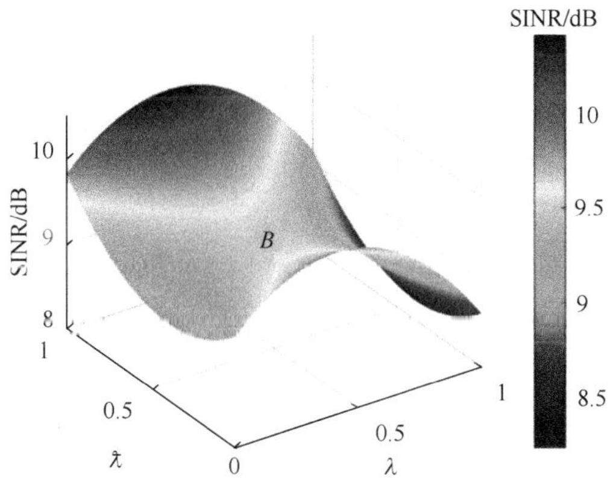

图 5.2　博弈各策略的 SINR 收益

由图 5.2 可知，Bayesian 纳什均衡于 B 点达成，此时，基于保守性和合理性的假设，在对彼此参数估计不变的条件下，双方都不再改变波形策略，雷达注水因子 $\lambda = 0.406$，干扰注水因子 $\tilde{\lambda} = 0.396$，SINR 为 9.503dB。图 5.3 为 Bayesian 博弈中，单天线雷达与干扰机各策略在不同子频带内的功率分布情况。

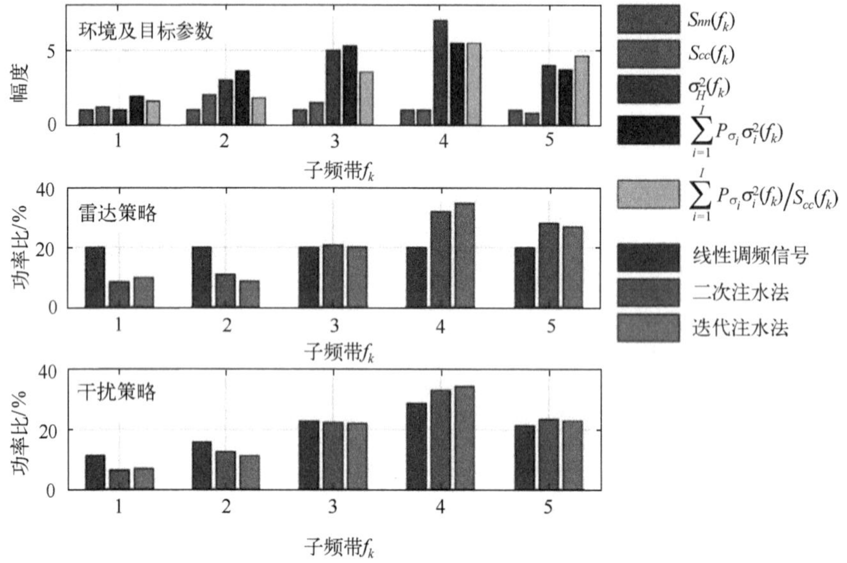

图 5.3　雷达和干扰在不同子频带中频率分配策略

同完全信息博弈相似的是，在不完全信息博弈中雷达信号优化依旧以频带目标杂波比（TCR）的高低作为主要参考项；不同的是，在 Bayesian 博弈中频带 TCR 为雷达对目标估计的概率函数与杂波的比值，而非实际 TCR。对比迭代注水法和二次注水法可知，迭代注水法在频带 4 与频带 1 中注入了更多的信号功率，这是因为频带 4 是实际中目标冲激响应 $\sigma_H^2(f)$ 及 TCR 最高的频带，干扰机知晓目标的散射特性，为降低雷达探测性能，会在频带 4 中分配高的干扰功率；而在雷达估计的目标特性中，频带 4 依旧为含目标信息最高的频带，当干扰机对频带 4 进行干扰时，雷达需要对干扰信号进行压制，但由于雷达对目标的估计值要低于实际值，基于性能得失的考虑，雷达并未分配过多的功率。向频带 1 中注入较多功率，则是因为在雷达对目标特性的估计中频带 1 中的期望信息要高于实际值，干扰机了解真实目标特性，不会在频带 1 中进行过多干扰，此时雷达侦测到干扰方在此处干扰信号强度弱，为获取期望信息会提高频带 1 中的信号能量，因此会得到图中的能量分配方案。具体的雷达信号频域波形和检测概率性能见图 5.4 和表 5.2。

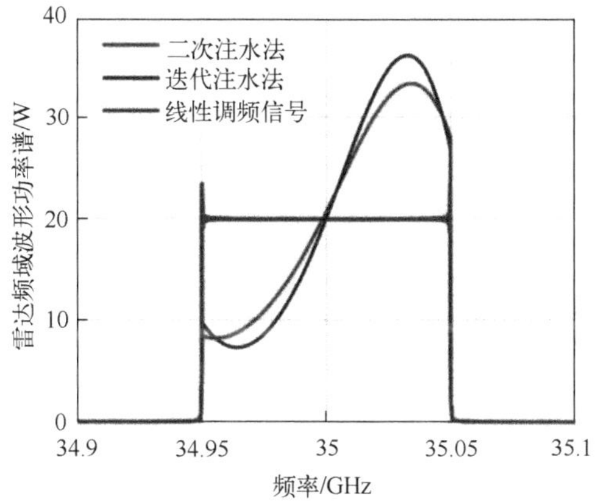

图 5.4　雷达频域波形功率谱设计

表 5.2　Bayesian 博弈中各信号性能对比

雷达信号	SINR/dB	检测概率	波形生成耗时/s
线性调频信号	8.783	36.50%	-
二次注水法	9.426	47.18%	0.842
迭代注水法	9.503	48.46%	3.014

表 5.2 展示了 Bayesian 博弈中不同雷达波形的 SINR、检测概率及波形生成耗时的对比情况。对比线性调频信号，二次注水信号和迭代注水信号的检测概率分别可提升 10.68% 和 11.96%，要低于完全信息博弈中的 13.64% 和 16.58%，这是由不完全信息的局限性导致，但与常用的线性调频信号相比，性能提升仍较为明显，这表明不完全信息条件下的注水波形设计方法具有实际意义。另外，在此模型中迭代注水波形检测概率仅比二次注水波形提高 1.28%，但波形生成耗时却是二次注水法的 2.172 倍，表明受不完全信息影响，迭代注水波形难以充分利用对雷达方有利的博弈信息。

5.3.2　干扰功率可变时性能分析

5.3.1 节分析了不完全信息条件下雷达应对等功率干扰的波形性能，并对不同干扰功率下雷达波形性能展开分析。假设干扰机功率 $P_J=(10\sim30)\,\text{dB}$，图 5.5 中显示了在不完全信息博弈过程中二次注水、迭代注水波形的雷达功率分配策略随干扰功率变化情况。

由图 5.5（a）可知，在二次注水法中，随干扰功率的上升，雷达会提高频带 3 和频带 4 中的功率分布，降低其余频带的功率。在雷达对目标特性的估

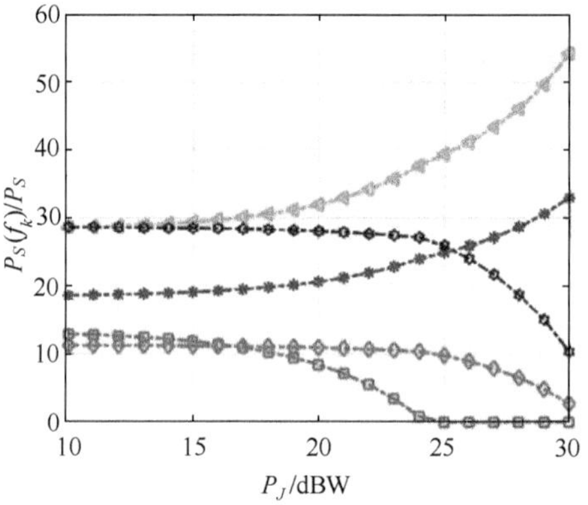

(a) 二次注水法

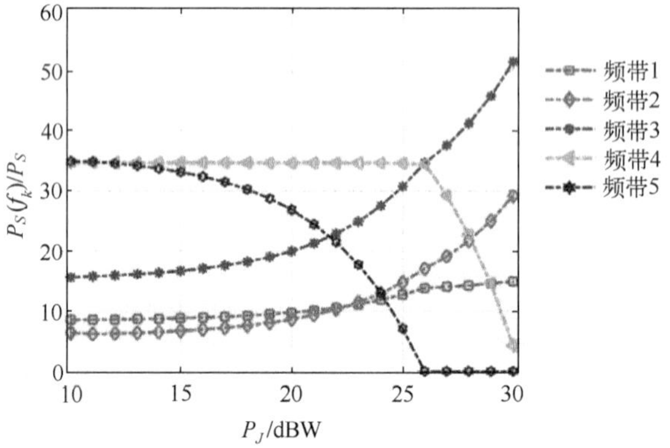

(b) 迭代注水法

图 5.5　不同干扰下雷达功率分配策略

计中，频带 3 和频带 4 的目标冲激响应最为强烈，同时频带 4 的 TCR 要高于频带 3，因此雷达会增加频带 3 和频带 4 的功率，且频带 4 要高于频带 3；在其余子频带内，功率降低顺序分别为频带 1、频带 2、频带 5，这同在该频带的目标冲激响应估计值一致，表明在二次注水法中，雷达会依据所估计的目标特性同干扰进行博弈对抗。

观察图 5.5（b）可知，在迭代注水法中，随干扰功率的升高，雷达倾向于提高低 TCR 频带 1、频带 2、频带 3 中的功率分布，降低高 TCR 频带 4 和频带 5 的功率。同完全信息 Rubinstein 博弈一致，在迭代过程中，雷达更倾向于躲避干扰的影响，而非正面对抗。值得注意的是，同完全信息条件下相比，雷达对频带 3 中的功率提升格外明显，这是因为在雷达估计的目标特性中，频带 3 中目标冲激响应的占比要远高于实际，仅次于频带 4，但干扰却在频带 3 内释放的干扰功率远低于频带 4，因此频带 3 内功率上升加快，同时频带 4 中的功率下降也早于图 5.4（a）。

图 5.6 显示了 Bayesian 博弈中雷达对扩展目标的检测概率变化情况，可见在不完全信息条件下通过博弈理论优化的雷达波形仍可实现较高的性能提升，雷达对信息估计的准确度会影响提升效果。

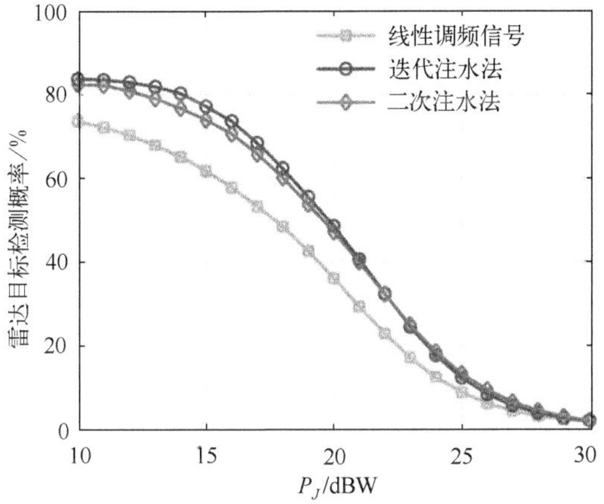

图 5.6　Bayesian 博弈中雷达波形对目标检测概率

对比二次注水法和迭代注水法知，在干扰功率低于雷达时，有 $P_J \leqslant$ 20dBW，经过动态博弈的迭代注水波形可进一步提升检测性能；当干扰功率高于雷达时，有 P_J>22dBW，虽然在博弈过程中雷达迭代注水方法可进一步针对干扰设计优化波形，但由于雷达对目标的估计并不等同于实际值，雷达会对战场博弈形势产生一定的误判，而干扰方却已知目标信息，导致雷达在博弈中处于下风，对比二次注水法，雷达检测性能并未提升，反而还有些许的下降。

综上，基于 Bayesian 博弈的二次注水及迭代注水波形设计方法可应用于提升不完全信息条件下的雷达目标检测性能，但对未知信息的估计准确度极大地影响着波形导致的雷达探测性能。

参考文献

[1] Harsanyi J C. Games with Incomplete Information Played by "Bayesian" Players, Ⅰ-Ⅲ Part Ⅰ. The Basic Model [J]. Management Science, 2004, 50 (12_supplement): 1763-1893.

[2] Gao H, Wang J, Jiang C, et al. Equilibrium between a statistical MIMO radar and a jammer [C]. 2015 IEEE Radar Conference, Arlington, VA, USA, 2015: 0461-0466.

第6章　杂波和干扰下认知MIMO雷达波形优化设计

随着雷达技术的发展，单天线工作模式因其灵活性和自由度的限制而越来越少，相控阵天线开始广泛运用到各型雷达，具有更高应用潜力的MIMO天线模式开始成为雷达界研究的新热点，但是针对干扰环境中认知MIMO雷达发射波形优化的研究还较少。本章在介绍杂波和干扰环境中优化认知MIMO雷达波形的通用模型及方法的基础上，针对强干扰环境简化模型设计雷达波形，并对其性能进行分析，讨论了雷达部分发射天线损毁时波形再次优化问题。经验证发现，波形优化后雷达整体性能得到明显提升，更有利于实际应用。

6.1　杂波和干扰环境MIMO雷达信号通用模型

设认知MIMO雷达有n_t个发射天线，n_r个接收天线，每个发射天线发射N个连续子脉冲，子脉冲采用在雷达中应用较为广泛的线性调频信号。令a_{lk}为第l个天线发射第k个子脉冲的幅度，$\mathrm{rect}(t/T)$为包络调制的矩形函数，即$\mathrm{rect}(t/T)=\begin{cases}1, & |t|\leqslant T/2\\ 0, & |t|>T/2\end{cases}$，$T$为矩形脉冲的宽度，$f_0$和$\kappa$分别为线性调频信号中心频率和调频斜率，则第$l(l=1,2,\cdots,n_t)$个发射天线发射的信号为

$$s_l(t)=\sum_{k=1}^{N}a_{lk}\mathrm{rect}(t/T)\exp\left[\mathrm{j}2\pi\left(f_0t+\frac{\kappa}{2}t^2\right)\right] \tag{6-1}$$

对于较大扩展目标，以一个有限脉冲响应的线性系统来反映信号从n_t个发射天线发出并由n_r个接收天线接收，因实际中信号在传输时，存在依赖于信号的杂波C和独立于信号的噪声干扰$\boldsymbol{J}$，于是第$i(i=1,2,\cdots,n_r)$个接收天线接收的信号为

$$y_i(t)=\sum_{l=1}^{n_t}\alpha_{il}s_l(t-\tau_{il})+\sum_{l=1}^{n_t}\beta_{il}s_l(t-\tau_{il})+J_i(t) \tag{6-2}$$

式中：α_{il}为信号从第l个发射天线到第i个接收天线的目标散射系数和传输损

耗；β_{il}为信号从第 l 个发射天线到第 i 个接收天线多个杂波单元的散射系数和传输损耗；τ_{il}为信号从第 l 个发射天线到第 i 个接收天线的传输延迟；$J_i(t)$为信号在传输过程中的噪声干扰，且已知其统计特性。

对各接收信号进行匹配滤波并采样，可得采样信号，即

$$y_i(k) = \sum_{l=1}^{n_t} \alpha_{il} a_{lk} + \sum_{l=1}^{n_t} \beta_{il} a_{lk} + J_i(k), \quad k = 1,2,\cdots,N \tag{6-3}$$

实际中，噪声干扰并不一定都是高斯白噪声，雷达接收天线不同时刻接收的噪声干扰可能部分相关，此时干扰被称为相关噪声干扰。

令 $\boldsymbol{a}_i=[a_{i1},\cdots,a_{iN}]^{\mathrm{T}}$，$\boldsymbol{A}=[\boldsymbol{a}_1,\cdots,\boldsymbol{a}_{n_t}]_{N\times n_t}$，$\boldsymbol{y}_i=[y_i(1),\cdots,y_i(N)]^{\mathrm{T}}_{N\times1}$，$\boldsymbol{h}_i=[\alpha_{i1},\cdots,\alpha_{in_t}]^{\mathrm{T}}_{n_t\times1}$，$\boldsymbol{c}_i=[\beta_{i1},\cdots,\beta_{in_t}]^{\mathrm{T}}_{n_t\times1}$，$\boldsymbol{J}_i=[J_i(1),\cdots,J_i(N)]^{\mathrm{T}}_{N\times1}$且 $\mathrm{E}(\boldsymbol{J}_i\boldsymbol{J}_i^{\mathrm{H}})=\boldsymbol{M}$，$\boldsymbol{M}$ 为雷达已确定的噪声干扰协方差矩阵，噪声干扰的相关与否可通过设置 $\boldsymbol{M}$ 实现。第 i 个天线接收信号表达式为

$$\boldsymbol{y}_i=\boldsymbol{A}\boldsymbol{h}_i+\boldsymbol{A}\boldsymbol{c}_i+\boldsymbol{J}_i, \quad i=1,2,\cdots,n_r \tag{6-4}$$

系统模型框图如图 6.1 所示。

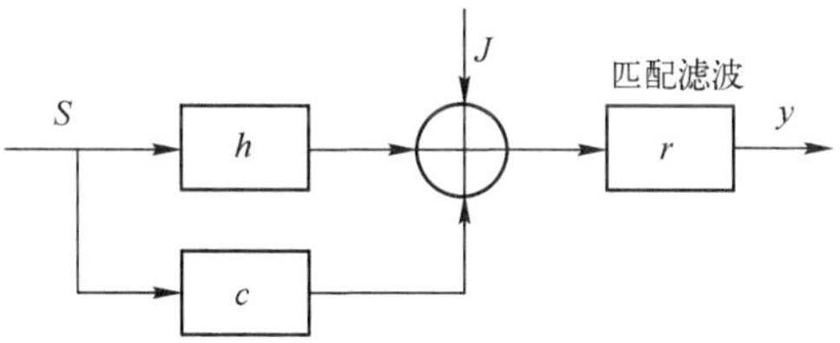

图 6.1　系统模型框图

接收信号可表示为

$$\boldsymbol{Y}=\boldsymbol{S}\boldsymbol{H}+\boldsymbol{S}\boldsymbol{C}+\boldsymbol{J} \tag{6-5}$$

式中：$\boldsymbol{Y}=[\boldsymbol{y}_1^{\mathrm{T}},\cdots,\boldsymbol{y}_{n_r}^{\mathrm{T}}]^{\mathrm{T}}_{n_rN\times1}$，$\boldsymbol{J}=[\boldsymbol{J}_1^{\mathrm{T}},\cdots,\boldsymbol{J}_{n_r}^{\mathrm{T}}]^{\mathrm{T}}_{n_rN\times1}$，$\boldsymbol{H}=[\boldsymbol{h}_1^{\mathrm{T}},\cdots,\boldsymbol{h}_{n_r}^{\mathrm{T}}]^{\mathrm{T}}_{n_rn_t\times1}$，$\boldsymbol{C}=[\boldsymbol{c}_1^{\mathrm{T}},\cdots,\boldsymbol{c}_{n_r}^{\mathrm{T}}]^{\mathrm{T}}_{n_rn_t\times1}$，$\boldsymbol{S}=\boldsymbol{I}_{n_r}\otimes\boldsymbol{A}$，$\otimes$为矩阵的直积；$\boldsymbol{S}$ 为 $n_rN\times n_rn_t$ 维的矩阵。

为方便分析问题，需做出以下三个假设。

(1) 噪声干扰 $\boldsymbol{J}$ 服从均值为零，协方差矩阵为 $\boldsymbol{\Sigma}=\boldsymbol{I}_{n_r}\otimes\boldsymbol{M}$ 的高斯随机分布。

(2) 目标脉冲响应 $\boldsymbol{H}$ 和杂波 $\boldsymbol{C}$ 都独立同分布，服从均值为零、协方差矩阵分别为 $\delta_h^2\boldsymbol{I}_{n_rn_t}$和 $\delta_c^2\boldsymbol{I}_{n_rn_t}$的高斯随机分布。

(3) $\boldsymbol{H}$ 和 $\boldsymbol{J}$、$\boldsymbol{C}$ 统计独立，且 $\boldsymbol{H}$ 和 $\boldsymbol{J}$ 都不依赖于发射信号 $\boldsymbol{S}$。

6.2 通用注水法优化雷达波形

6.2.1 波形优化设计

依据模型，$\boldsymbol{H}$ 和 $\boldsymbol{J}$、$\boldsymbol{C}$ 统计独立，$\boldsymbol{S}$ 已知时 $\boldsymbol{Y}$ 服从均值为 0、协方差为 $(\delta_h^2\boldsymbol{S}\boldsymbol{S}^{\mathrm{H}}+\delta_c^2\boldsymbol{S}\boldsymbol{S}^{\mathrm{H}}+\boldsymbol{\Sigma})$ 的高斯分布；用 H(·)表示微分熵，det(·)和 trace(·)分别表示行列式和矩阵的迹，$\boldsymbol{S}$ 已知时 $\boldsymbol{Y}$ 与 $\boldsymbol{H}$ 的条件互信息量可表示为[1]

$$\begin{aligned}I(\boldsymbol{H},\boldsymbol{Y}|\boldsymbol{S})&=H(\boldsymbol{Y}|\boldsymbol{S})-H(\boldsymbol{Y}|\boldsymbol{H},\boldsymbol{S})\\&=\log_2[\det(\delta_h^2\boldsymbol{S}\boldsymbol{S}^{\mathrm{H}}+\delta_c^2\boldsymbol{S}\boldsymbol{S}^{\mathrm{H}}+\boldsymbol{\Sigma})]-\log_2[\det(\delta_c^2\boldsymbol{S}\boldsymbol{S}^{\mathrm{H}}+\boldsymbol{\Sigma})]\\&=n_r\log_2[\det(\delta_h^2\boldsymbol{A}\boldsymbol{A}^{\mathrm{H}}+\delta_c^2\boldsymbol{A}\boldsymbol{A}^{\mathrm{H}}+\boldsymbol{M})]-n_r\log_2[\det(\delta_c^2\boldsymbol{A}\boldsymbol{A}^{\mathrm{H}}+\boldsymbol{M})]\\&=n_r\log_2\left[\det\left(\frac{\delta_h^2\boldsymbol{I}_N}{\delta_c^2\boldsymbol{I}_N+(\boldsymbol{M}^{-\frac{1}{2}}\boldsymbol{A}\boldsymbol{A}^{\mathrm{H}}\boldsymbol{M}^{-\frac{1}{2}})^{-1}}+\boldsymbol{I}_N\right)\right]\end{aligned}\tag{6-6}$$

式中：$I(\boldsymbol{H},\boldsymbol{Y}|\boldsymbol{S})$为 $\boldsymbol{S}$ 已知时，接收到输出符号后平均每个符号获得的关于 $\boldsymbol{H}$ 的信息量。$\boldsymbol{Y}$ 与 $\boldsymbol{H}$ 间互信息量越大，意味着目标检测性能越好，因此优化的目标是最大化目标回波 $\boldsymbol{Y}$ 与目标脉冲响应 $\boldsymbol{H}$ 间的条件互信息量 $I(\boldsymbol{H},\boldsymbol{Y}|\boldsymbol{S})$，但发射总功率有限。令 ξ 表示发射总功率，于是可建立优化问题，即

$$\begin{aligned}&\max_{\boldsymbol{A}\in\boldsymbol{C}^{N\times n_t}}\quad n_r\log_2\left[\det\left(\frac{\delta_h^2\boldsymbol{I}_N}{\delta_c^2\boldsymbol{I}_N+(\boldsymbol{M}^{-\frac{1}{2}}\boldsymbol{A}\boldsymbol{A}^{\mathrm{H}}\boldsymbol{M}^{-\frac{1}{2}})^{-1}}+\boldsymbol{I}_N\right)\right]\\&\text{s. t.}\quad \mathrm{trace}(\boldsymbol{A}^{\mathrm{H}}\boldsymbol{A})\leqslant N\xi\end{aligned}\tag{6-7}$$

针对噪声干扰协方差矩阵 $\boldsymbol{M}=\boldsymbol{M}^{\frac{1}{2}}\boldsymbol{M}^{\frac{1}{2}}$进行特征值分解，有

$$\boldsymbol{M}^{-\frac{1}{2}}=\boldsymbol{U}_M\boldsymbol{\Lambda}_M^{-\frac{1}{2}}\boldsymbol{U}_M^{\mathrm{H}}\tag{6-8}$$

式中：$\boldsymbol{\Lambda}_M=\mathrm{diag}(\lambda_1,\cdots,\lambda_l,\cdots,\lambda_N)$，特征值满足 $\lambda_l>0,l=1,2,\cdots,n_t$。令 $N\times n_t$ 维矩阵 $\boldsymbol{Z}=\boldsymbol{U}_M^{\mathrm{H}}\boldsymbol{A}$，由于 $\boldsymbol{U}_M$ 为酉矩阵，从而 $\mathrm{trace}(\boldsymbol{A}^{\mathrm{H}}\boldsymbol{A})=\mathrm{trace}(\boldsymbol{Z}^{\mathrm{H}}\boldsymbol{Z})$，于是有

$$I(\boldsymbol{H},\boldsymbol{Y}|\boldsymbol{S})=n_r\log_2\left[\det\left(\frac{\delta_h^2\boldsymbol{I}_N}{\delta_c^2\boldsymbol{I}_N+(\boldsymbol{\Lambda}_M^{-\frac{1}{2}}\boldsymbol{Z}\boldsymbol{Z}^{\mathrm{H}}\boldsymbol{\Lambda}_M^{-\frac{1}{2}})^{-1}}+\boldsymbol{I}_N\right)\right]\tag{6-9}$$

式中：$\boldsymbol{\Lambda}_M^{-\frac{1}{2}}\boldsymbol{Z}\boldsymbol{Z}^{\mathrm{H}}\boldsymbol{\Lambda}_M^{-\frac{1}{2}}$ 为半正定矩阵。由文献［2］可知：若 $\boldsymbol{\Lambda}_M^{-\frac{1}{2}}\boldsymbol{Z}\boldsymbol{Z}^{\mathrm{H}}\boldsymbol{\Lambda}_M^{-\frac{1}{2}}$ 为对角阵，即 $\boldsymbol{Z}\boldsymbol{Z}^{\mathrm{H}}$ 为对角阵，则条件互信息量 $I(\boldsymbol{H},\boldsymbol{Y}|\boldsymbol{S})$取最大值。令 $N\times N$ 维矩阵 $\boldsymbol{\Omega}=\boldsymbol{Z}\boldsymbol{Z}^{\mathrm{H}}$，$\Omega_{ll}\geqslant0$（$\boldsymbol{\Omega}$ 中至多有 n_t 个非零值，即各天线发射功率），条件互信息量可表示为

$$I(\boldsymbol{H},\boldsymbol{Y}|\boldsymbol{S})=n_r\sum_{l=1}^{n_t}\log_2\left(\frac{\delta_h^2}{\delta_c^2+\lambda_l/\Omega_{ll}}+1\right)\tag{6-10}$$

由文献[3]可知，对条件互信息量 $I(\boldsymbol{H},\boldsymbol{Y}|\boldsymbol{S})$ 的优化问题可转化为凸规划问题，即

$$\begin{aligned}&\min_{\Omega}\quad -n_r\sum_{l=1}^{n_t}\log_2\left(\frac{\delta_h^2}{\delta_c^2+\lambda_l/\Omega_{ll}}+1\right)\\&\text{s.t.}\quad \operatorname{trace}(\boldsymbol{Z}^{\mathrm{H}}\boldsymbol{Z})=\sum_{l=1}^{n_t}\Omega_{ll}\leqslant N\xi\\&\Omega_{ll}\geqslant 0,\quad l=1,2,\cdots,n_t\end{aligned}\tag{6-11}$$

通过引入拉格朗日乘子，可构造目标函数，即

$$J=-n_r\sum_{l=1}^{n_t}\log_2\left(\frac{\delta_h^2}{\delta_c^2+\lambda_l/\Omega_{ll}}+1\right)+\mu\left(\sum_{l=1}^{n_t}\Omega_{ll}-N\xi\right)\tag{6-12}$$

由于各发射天线功率不可能为负数，因此利用 Karush－Kuhn－Tucker（KKT）条件[4]可得最优解，即各天线功率分配方案为

$$\Omega_{ll}=\left\{\left[\left(\frac{b}{2a}\right)^2+\frac{\eta_1\delta_h^2\lambda_l-\lambda_l^2}{a}\right]^{\frac{1}{2}}-\frac{b}{2a}\right\}^+,\quad l=1,2,\cdots,n_t\tag{6-13}$$

$$a=(\delta_h^2+\delta_c^2)\delta_c^2,\quad b=\lambda_l(\delta_h^2+2\delta_c^2)$$

式中：$(x)^+=\begin{cases}x, & x>0\\0, & x\leqslant 0\end{cases}$；$\eta_1=\dfrac{n_r}{\mu\ln 2}$为注水水位。式（6-13）可理解为在满足 $\eta\delta_h^2\lambda_l-\lambda_l^2>0$ 的发射天线上分配功率，且值越大分配功率越多，即为通用注水法（General Water-Filling，GWF）[3]。

根据优化约束条件，注水水位 η_1 则可利用一维搜索得到，有

$$\sum_{l=1}^{n_t}\left\{\left[\left(\frac{b}{2a}\right)^2+\frac{\eta_1\delta_h^2\lambda_l-\lambda_l^2}{a}\right]^{\frac{1}{2}}-\frac{b}{2a}\right\}^+=N\xi\tag{6-14}$$

将式（6-13）代入式（6-10），即可得到最大条件互信息量。

与噪声相比，实际中雷达杂波的统计特性更复杂，本章重点分析噪声干扰环境中雷达波形优化设计。在噪声干扰环境下，噪声强度远强于杂波，因此可简化为杂波不存在情况，最优解由式（6-13）简化为

$$\Omega_{ll}=\left(\eta_1-\frac{\lambda_l}{\delta_h^2}\right)^+,\quad l=1,2,\cdots,n_t\tag{6-15}$$

注水水位 η_1 同样用一维搜索确定，式（6-14）简化为

$$\sum_{l=1}^{n_t}\left(\eta_1-\frac{\lambda_l}{\delta_h^2}\right)^+=N\xi\tag{6-16}$$

此时，最大条件互信息量表达式为

$$I(\boldsymbol{H},\boldsymbol{Y}|\boldsymbol{S})_{\max}=n_r\sum_{l=1}^{n_t}\left[\log_2\left(\frac{\delta_h^2\eta_1}{\lambda_l}\right)\right]^+ \tag{6-17}$$

6.2.2 检测性能分析

在噪声干扰强度远强于杂波的简化模型下，认知 MIMO 雷达的检测问题可表示为二元假设检验，即

$$\begin{cases}H_0:\boldsymbol{Y}=\boldsymbol{J} & ,\text{无目标}\\ H_1:\boldsymbol{Y}=\boldsymbol{SH}+\boldsymbol{J} & ,\text{有目标}\end{cases} \tag{6-18}$$

在假设 H_0 和 H_1 下 $\boldsymbol{Y}$ 的概率密度函数分别为

$$p_1(\boldsymbol{Y})=f(\boldsymbol{Y}|\boldsymbol{S})=\frac{\exp\{-\mathrm{trace}[(\delta_H^2\boldsymbol{SS}^{\mathrm{H}}+\boldsymbol{M})^{-1}\boldsymbol{YY}^{\mathrm{H}}]\}}{\pi^{n_rK}\det^{n_r}(\delta_H^2\boldsymbol{SS}^{\mathrm{H}}+\boldsymbol{M})} \tag{6-19}$$

$$p_0(\boldsymbol{Y})=f(\boldsymbol{N})=\frac{\exp\{-\mathrm{trace}[\boldsymbol{M}^{-1}\boldsymbol{YY}^{\mathrm{H}}]\}}{\pi^{n_rK}\det^{n_r}(\boldsymbol{M})} \tag{6-20}$$

那么对数似然函数变为

$$l(\boldsymbol{Y})=\log\frac{p_1(\boldsymbol{Y})}{p_0(\boldsymbol{Y})}=\sum_{k=1}^{n_r}y_k^*[\boldsymbol{M}^{-1}-(\delta_H^2\boldsymbol{SS}^{\mathrm{H}}+\boldsymbol{M})^{-1}]y_k^{\mathrm{T}}+c_l \tag{6-21}$$

式中：c_l 为独立于 $\boldsymbol{Y}$ 的常量，且有 $c_l=n_r[\log\det(\boldsymbol{M})-\log\det(\delta_H^2\boldsymbol{SS}^{\mathrm{H}}+\boldsymbol{M})]$。

最优 NP 检测器统计为

$$T(\boldsymbol{Y})=\sum_{k=1}^{n_r}\boldsymbol{y}_k^*[\boldsymbol{M}^{-1}-(\delta_H^2\boldsymbol{SS}^{\mathrm{H}}+\boldsymbol{M})^{-1}]\boldsymbol{y}_k^{\mathrm{T}} \tag{6-22}$$

若 $T(\boldsymbol{Y})$ 超过给定初始值则判定目标存在并被检测，为获取检测初始值，有

$$y_k^{\mathrm{T}}\sim\begin{cases}\zeta N(0,\boldsymbol{M}) & ,H_0\\ \zeta N(0,\delta_H^2\boldsymbol{SS}^{\mathrm{H}}+\boldsymbol{M}) & ,H_1\end{cases} \tag{6-23}$$

令 $\boldsymbol{P}=\boldsymbol{M}^{-1}-(\delta_H^2\boldsymbol{SS}^{\mathrm{H}}+\boldsymbol{M})^{-1}$，则可得

$$\sum_{k=1}^{n_r}\boldsymbol{y}_k^*\boldsymbol{P}\boldsymbol{y}_k^{\mathrm{T}}\sim\sum_{j=1}^{K}\alpha_j^{(i)}\chi_2^2(j) \tag{6-24}$$

在假设 $H_i(i=0,1)$ 下，$\alpha_j^{(i)}$ 为 $\boldsymbol{P}^{1/2}(\gamma\delta_H^2\boldsymbol{SS}^{\mathrm{H}}+\boldsymbol{M})\boldsymbol{P}^{1/2}$，$\gamma=\begin{cases}0, & H_0\\ 1, & H_1\end{cases}$ 的第 j 个特征值。因此可得

$$T(\boldsymbol{Y})=\sum_{k=1}^{n_r}\boldsymbol{y}_k^*\boldsymbol{P}\boldsymbol{y}_k^{\mathrm{T}}\sim\sum_{k=1}^{K}\alpha_k^{(i)}\chi_{2n_r}^2(k) \tag{6-25}$$

在假设 $H_i(i=0,1)$ 下，检验统计为卡方分布的加权和，近似于伽马分布。

若 C_q 为正实数常量，N_q 为独立的标准正态随机变量，$q=1,2,\cdots,K$，则近似伽马分布 $R=\sum_{q=1}^{K}C_qN_q^2$ 的概率密度函数为

$$f_R(x,a,b)=\frac{x^{a-1}\mathrm{e}^{-\frac{x}{b}}}{b^a\Gamma(a)} \tag{6-26}$$

$$a=\frac{n_r}{2}\left[\frac{\left(\sum_{q=1}^{K}C_q\right)^2}{\sum_{q=1}^{K}C_q^2}\right] \tag{6-27}$$

$$b=n_r\left[\frac{1}{2}\left(\frac{\sum_{q=1}^{K}C_q}{\sum_{q=1}^{K}C_q^2}\right)\right]^{-1} \tag{6-28}$$

$$\Gamma(a)=\int_0^{\infty}t^{a-1}\mathrm{e}^{-t}\mathrm{d}t \tag{6-29}$$

式中：Γ 为伽马函数。

为实现式（6-25）中的检验统计，C_q 对应于 $\alpha_k^{(i)}$，N_q 对应于 $\chi_{2n_r}^2(k)$，在用伽马分布密度近似表示概率密度函数后，检测概率 P_d 和虚警概率 P_fa 的表达式为

$$P_\mathrm{d}=\int_{\gamma}^{\infty}t^{a_{H_1}-1}\frac{\mathrm{e}^{-\frac{t}{b_{H_1}}}}{b_{H_1}^{a_{H_1}}\Gamma(a_{H_1})}\mathrm{d}t \tag{6-30}$$

$$P_\mathrm{fa}=\int_{\gamma}^{\infty}t^{a_{H_0}-1}\frac{\mathrm{e}^{-\frac{t}{b_{H_0}}}}{b_{H_0}^{a_{H_0}}\Gamma(a_{H_0})}\mathrm{d}t \tag{6-31}$$

式中：a_{H_0} 和 b_{H_0} 为在假设 H_0 下伽马密度函数的参数；a_{H_1} 和 b_{H_1} 为在假设 H_1 下伽马密度函数的参数。

虚警概率表示为

$$P_\mathrm{fa}-\Pr(T(\boldsymbol{Y})>\gamma\,|\,H_0) \tag{6-32}$$

对于给定的虚警概率，通过式（6-31）得到检测器的检测门限，再通过式（6-30）利用 Matlab 相关函数求解检测概率。

6.2.3　部分发射天线损毁后波形优化

复杂电子战电磁环境中，认知 MIMO 雷达部分发射天线遭摧毁时，将限制雷达效能的发挥。发射天线损毁情况示意如图 6.2 所示。

认知 MIMO 雷达多个发射天线对应多个信号子空间，因各天线观测目标角

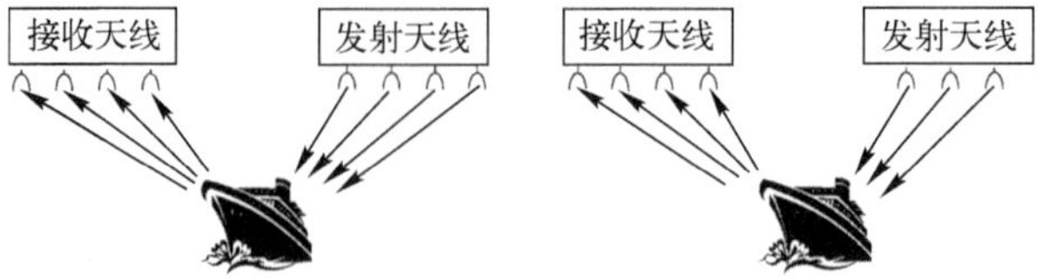

(a) 天线损毁前　　(b) 天线损毁后

图 6.2　发射天线损毁示意

度及环境因素存在差别，故各天线检测目标性能高低并不相同。

假设第 k 个天线损毁，若认知 MIMO 雷达发射波形仍按原有方案分配功率，则其他未损毁天线功率分配和注水水位 η_1 均未变化，即

$$\Omega_{ll}=\begin{cases}\left(\eta_1-\dfrac{\lambda_l}{\delta_h^2}\right)^+ & ,l\neq k\\ 0 & ,l=k\end{cases} \tag{6-33}$$

部分发射天线损毁而雷达未采取应对措施，此时互信息量为

$$I(\boldsymbol{H},\boldsymbol{Y}\mid\boldsymbol{S})=n_r\sum_{\substack{l=1\\ l\neq k}}^{n_t}\left[\log_2\left(\frac{\delta_h^2\eta_1}{\lambda_l}\right)\right]^+ \tag{6-34}$$

显然，天线损毁后，互信息量有所降低，降低值为 $n_r\left[\log_2\left(\dfrac{\delta_h^2\eta_1}{\lambda_k}\right)\right]^+$。

为使互信息量损失降低到最小，雷达感知到天线损毁后，立即优化分配发射功率，实现波形再次认知优化。

此时，优化解即各天线功率分配变为

$$\Omega_{ll}=\begin{cases}\left(\eta_2-\dfrac{\lambda_l}{\delta_h^2}\right)^+ & ,l\neq k\\ 0 & ,l=k\end{cases} \tag{6-35}$$

式（6-35）与式（6-33）区别在于注水水位的变化，η_2 由式（6-35）和式（6-36）确定，即

$$\sum_{l=1,l\neq k}^{n_t}\Omega_{ll}=K\xi \tag{6-36}$$

天线损毁时，雷达再次优化发射波形后的互信息量为

$$I(\boldsymbol{H},\boldsymbol{Y}\mid\boldsymbol{S})=n_r\sum_{\substack{l=1\\ l\neq k}}^{n_t}\left[\log_2\left(\frac{\delta_h^2\eta_2}{\lambda_l}\right)\right]^+ \tag{6-37}$$

经再次优化，分配功率的注水水位发生变化，信号功率得以重新分配，已损毁天线未分配功率，降低了互信息量损失，提升了目标检测概率。

6.3　仿真验证及性能分析

6.3.1　白噪声干扰环境中优化性能验证

为比较噪声干扰不相关和相关环境中波形优化情况，首先对高斯白噪声干扰环境中雷达波形进行优化。仿真中，$n_t=n_r=N=4$，$\delta_h^2=\delta_J^2=1$，$\mathrm{SJR}=\dfrac{\delta_h^2\xi}{\delta_J^2}$，$\boldsymbol{M}$ 为白噪声干扰协方差矩阵。

当噪声干扰为不相关的白噪声时，即 $\boldsymbol{M}=\delta_J^2\boldsymbol{I}_N$ 时，两者条件互信息量对比情况如图 6.3（a）所示，条件互信息量随信干比增大而增大，其中：高信干比时，优化后的条件互信息量明显大于优化前的，优化效果明显；低信干比时，条件互信息量较接近，但仍是优化后的略大于优化前的。

优化信号由于目标回波与目标脉冲响应间条件互信息量的提升，提高了扩展目标检测性能。

6.3.2　相关噪声干扰环境中优化性能验证

在检测问题的实际处理中，不同时刻接收的噪声干扰是部分相关的，设时延相关系数为 ρ，噪声干扰协方差矩阵 $M_{ij}=\delta_J^2\rho^{|i-j|}$，相关噪声干扰环境中信号优化前后的条件互信息量对比如图 6.3（b）所示。仿真中，$n_t=n_r=N=4$，

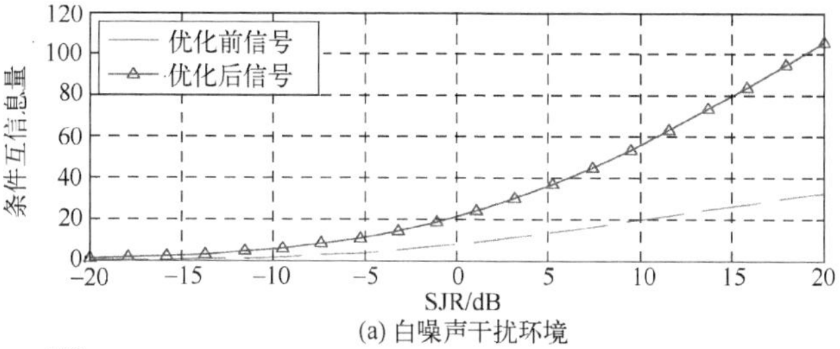

(a) 白噪声干扰环境

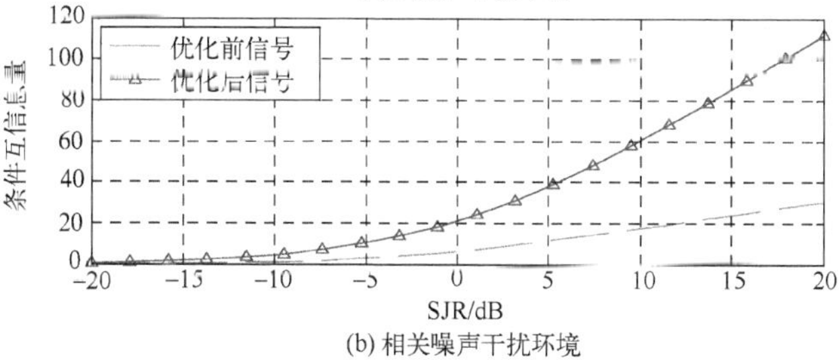

(b) 相关噪声干扰环境

图 6.3　CMI 随 SJR 变化曲线

$\rho=0.5$，$\delta_h^2=\delta_J^2=1$。

对比图 6.3（a）和图 6.3（b），图 6.3（b）中噪声不再相互独立，而是部分相关，优化前信号因未经处理，图 6.3（b）中条件互信息量比图 6.3（a）中低；而优化后信号在低信干比时，图 6.3（a）中条件互信息量较高，但当信干比增大到 0dB 时，图 6.3（b）中条件互信息量值反而较高，这说明高信干比时，信号在相关噪声干扰环境比白噪声干扰环境优化更明显。另外，相关噪声干扰环境波形优化前后目标检测性能对比如图 6.4 所示。

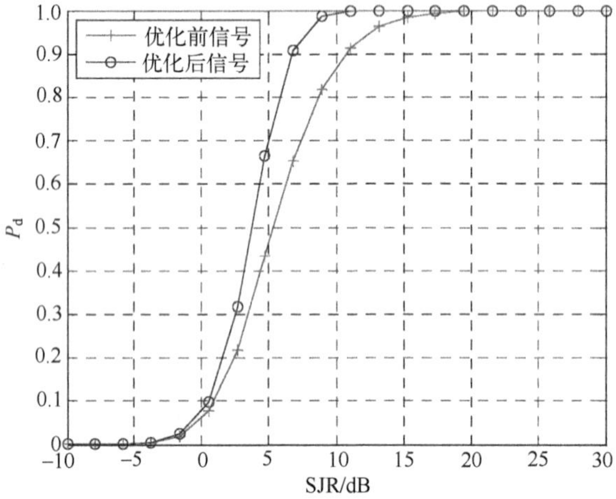

图 6.4　波形优化前后检测性能对比

图 6.5 为优化后各发射天线功率分配情况。

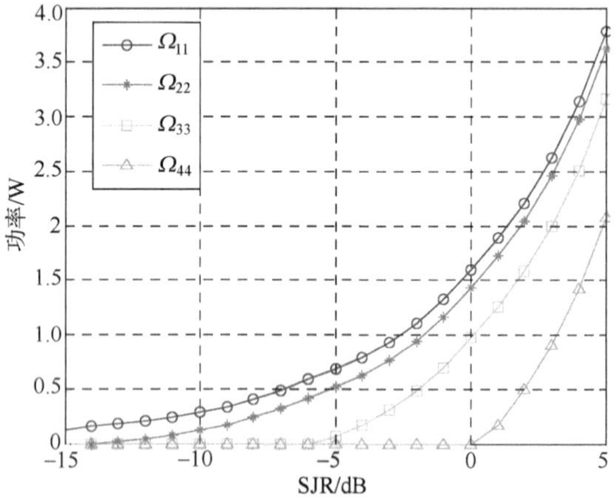

图 6.5　优化后各发射天线功率分配情况

可见，低信干比时，总发射功率较小，因为噪声干扰协方差矩阵特征值中 λ_1 最小，所以只有 Ω_{11}不为零，只给 Ω_{11}对应的发射子空间分配功率，但随着信干比增大，即发射功率的增大，当信干比增大到-13.8dB、-5.7dB、0.3dB 时，Ω_{22}、Ω_{33}、Ω_{44}相继不再为零，其他各天线先后开始分配功率。信干比继续增大，各天线功率差别逐渐减小，但仍是噪声干扰协方差矩阵特征值越小，对应发射子空间分配功率越大。

以信干比 SJR = 1dB 为例利用注水法进行功率分配，如图 6.6 所示。噪声干扰协方差矩阵特征值越小，对应发射天线分配功率越大；反之分配功率越小，甚至不分配功率。因此，优化信号具有较强噪声干扰抑制能力，目标检测性能得以提升。

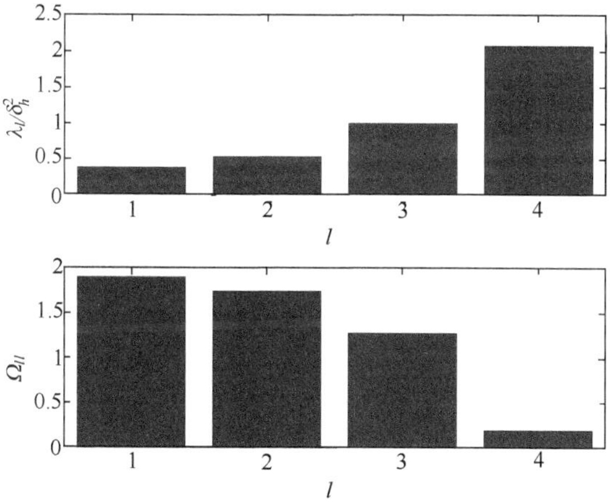

图 6.6　注水法进行功率分配示意图

6.3.3　空间自由度对优化后性能的影响

为观察认知 MIMO 雷达优化信号条件互信息量和性能受空间自由度的影响情况，分别设定不同的发射天线个数和接收天线个数，观察信号优化后条件互信息量和检测概率的变化情况。仿真中，$N=4$，$\rho=0.5$，$\delta_h^2=\delta_J^2=1$。

低信干比时，天线个数虽不同，条件互信息量却相同，这是因为总功率的限制使得有些天线并未激活，但随着信干比增加，即总功率的增加，天线逐渐被激活，天线个数多的空间自由度大，条件互信息量也相应要大。发射天线个数和接收天线个数不同时 CMI 随 SJR 的变化曲线如图 6.7 所示。

实际应用中，低信干比时，多个发射天线因有天线未被激活，反而引入噪声干扰会导致检测性能变差，此时应选用 SISO 雷达；高信干比时，天线越多，空间自由度越大，目标检测性能越好，此时应选用 MIMO 雷达。图 6.8 所示为发射和接收天线数目不同时优化后信号在检测目标性能方面的情况。

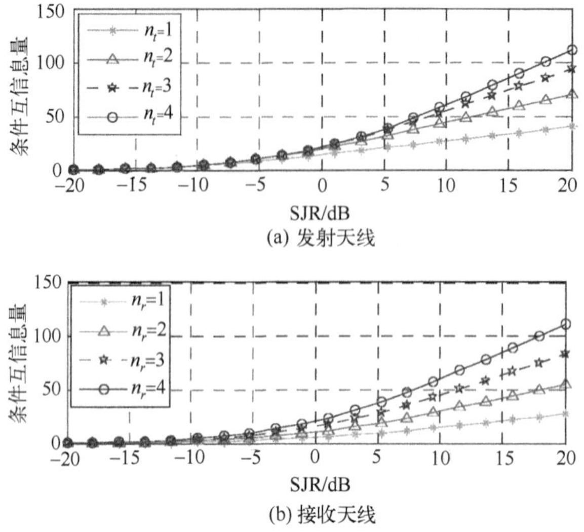

图 6.7　天线个数不同时，CMI 随 SJR 的变化曲线

6.3.4　信号长度对优化后性能的影响

相关噪声干扰环境中，各发射信号长度越长，噪声干扰协方差矩阵维数越大，噪声干扰统计特性确认得越多，而相应特征值越小，优化信号的条件互信息量就越大，检测性能优化效果越好。仿真中，$n_t=n_r=4$，$\delta_h^2=\delta_J^2=1$，$\rho=0.5$。

表 6.1 表示舍去噪声干扰协方差矩阵中较大特征值后选定这 4 个小特征值对应的特征空间作为发射信号的子空间，可以看出：随着发射信号长度增加，4 个小特征值逐渐减小，噪声干扰抑制能力得到提高；发射功率一定时，信干比提升，更能有效检测扩展目标。

表 6.1　不同发射信号长度下，噪声干扰协方差矩阵 4 个小特征值

信号长度 / 特征值	$N=4$	$N=6$	$N=8$	$N=10$
λ_1	0.3750	0.3522	0.3441	0.3403
λ_2	0.5394	0.4166	0.3788	0.3621
λ_3	1.0000	0.5565	0.4464	0.4024
λ_4	2.0856	0.8462	0.5661	0.4682

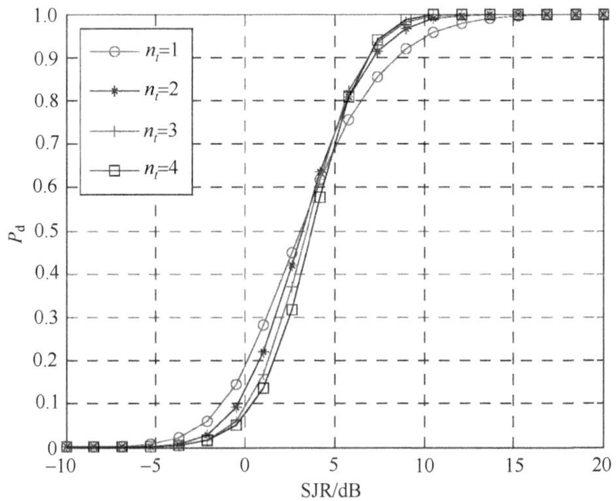

(a) 发射天线数目不同

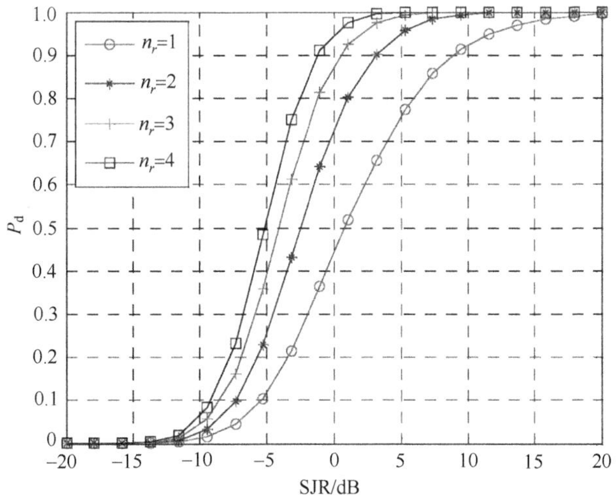

(b) 接收天线数目不同

图6.8　天线个数不同时，检测概率 P_d 随SJR的变化曲线

发射信号的长度不同，但在低信干比时，因总功率一定，相应条件互信息量相差不大，但随着信干比增大，条件互信息量增大，如图6.9（a）所示，长度越长的发射信号 $I(\boldsymbol{H},\boldsymbol{Y}|\boldsymbol{S})$ 值越大，优化效果越好。优化后信号的目标检测概率与信号长度的关系如图6.9（b）所示。实际应用中，雷达信号子脉冲越多，信号长度越长，目标回波与目标脉冲响应间互信息量越大，目标检测性能越好。

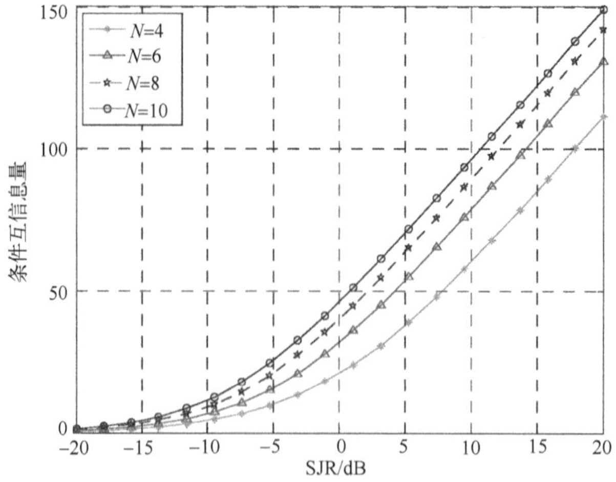

(a) 信号长度不同时CMI随SJR变化

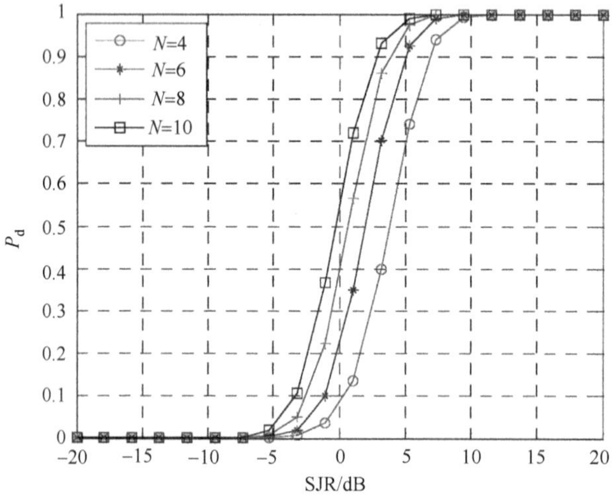

(b) 信号长度不同时P_d随SJR变化

图 6.9　信号长度变化对雷达性能的影响

6.3.5　低检测性能天线损毁时波形再次优化性能分析

低检测性能天线损毁时，雷达重新优化信号功率分配，天线损毁前后互信息量对比如图 6.10 所示。因低信干比时信号总功率有限，低检测性能天线在天线损毁前优化后发射功率为零，故天线损毁前后互信息量基本不变。随着信干比提高，当 SJR 大于 0dB 时，低性能天线也分配功率，天线损毁造成互信息量下降，采用再次优化算法后互信息量有所提高；当 SJR 为 20dB 时，互信息量提升 4.89nat（7.055bit）。

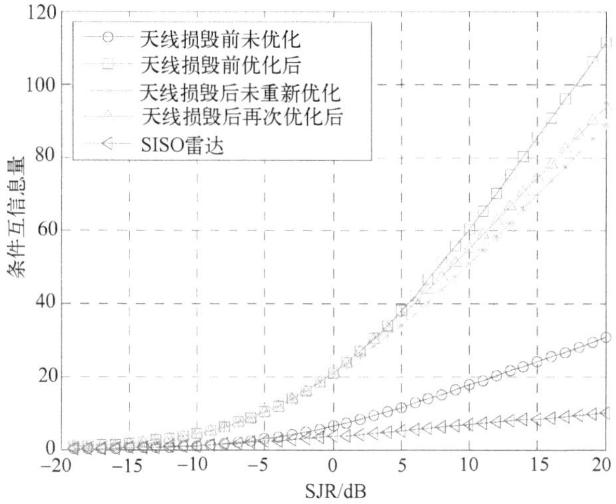

图 6.10　低检测性能天线损毁前后互信息量对比

当 SJR 为 6dB 时，用直方图显示低检测性能天线损毁前后信号功率分配情况，如图 6.11 所示。天线损毁前后均依据噪声协方差特征值大小分配信号功率，噪声越弱，对应天线分配功率越多；反之分配功率越少。图 6.11（c）和（d）分别表示低检测性能天线（$l=4$）损毁后雷达未重新优化和再次优化后的信号功率分配，经再次优化，注水水位得到提升，故其他未损毁天线分配功率有所增加。

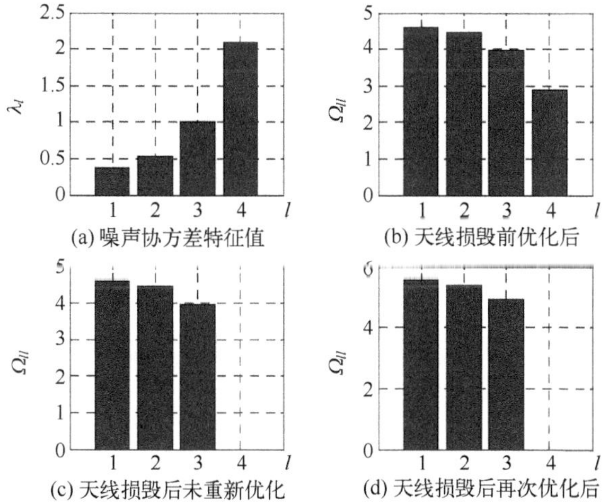

图 6.11　低检测性能天线损毁前后信号功率分配

6.3.6 高检测性能天线损毁时波形再次优化性能分析

实际电子战中，高检测性能天线更可能遭摧毁，天线损毁前后互信息量对比如图 6.12 所示。经再次优化后，发射信号互信息量虽没有天线损毁前的优化后高，但相比于天线损毁后雷达未重新优化有所提高，当 SJR 为 20dB 时，互信息量提升 4.96nat（7.156bit），不同于图 6.10，即使当 SJR 小于 0dB 时，互信息量仍有一定提升。

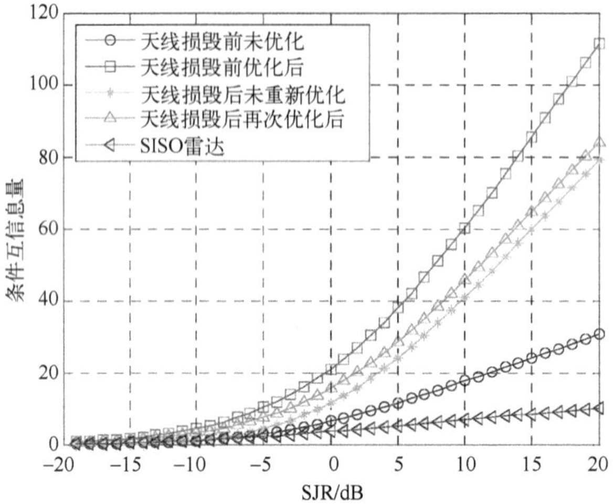

图 6.12　高检测性能天线损毁前后互信息量对比

SJR 为 6dB 时，高检测性能天线损毁前后信号功率分配如图 6.13 所示。

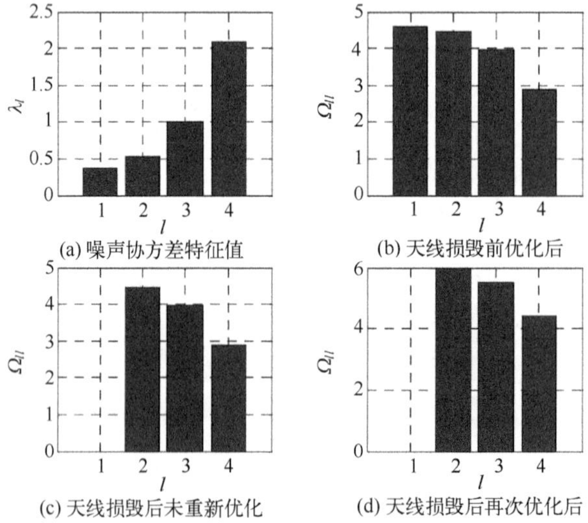

图 6.13　高检测性能天线损毁前后信号功率分配

经再次优化，原本分配给损毁天线（$l=1$）的功率分配给了其他未损毁天线，发射功率得到充分利用，能有效应对天线损毁，提高互信息量以提升目标检测性能。

参考文献

[1] Cover T M, Thomas J A. Elements of Information Theory [M]. New York: Wiley, 1991.

[2] Cover T M, Gamal A E. An information-theoretic proof of Hadamard's inequality [J]. IEEE Transactions on Information Theory, 1983, 29 (6): 930-931.

[3] 纠博，刘宏伟，李丽亚，等. 一种基于互信息的波形优化设计方法 [J]. 西安电子科技大学学报, 2008, 35 (4): 678-684.

[4] Boyd S, Vandenberghe L. Convex Optimization [M]. New York: Cambridge University Press, 2004.

第7章 Stackelberg博弈条件下基于互信息量准则的MIMO雷达波形优化设计

电子战环境中，不仅要考虑雷达在干扰、杂波环境中优化发射波形以提高波形抑制杂波、抗干扰的能力，同时还应顾及雷达与目标博弈的问题。本章基于博弈的模型，着重解决杂波背景中MIMO雷达与目标通过发射波形与施放干扰进行的相互作用，更符合实际，为后续的博弈波形优化研究奠定基础。

现有雷达波形设计研究更倾向于分析“智能”雷达与“愚笨”目标间的相互作用[1-2]，雷达“智能”是因为它拥有目标的相关先验知识（如RCS等），而目标“愚笨”是因为它不能干扰雷达的探测。实际上，随着电子战的发展，很多非合作目标（如战斗机等）都配备对抗系统以干扰雷达的正常使用和功能的正常发挥[3]。本章重点研究“智能”雷达与“智能”目标间的相互作用，目标携带的干扰设备能够“智能”干扰迷惑雷达。若目标能够一直尝试抑制雷达完成自己的使命任务，则可用零和二元博弈模型来描述雷达与目标间的相互作用。以互信息量准则作为双方博弈的效用函数，雷达通过控制发射波形矩阵最大化互信息量，而目标有途径调整干扰矩阵以最小化互信息量。

7.1 Stackelberg博弈模型及互信息量表示

假设认知MIMO雷达有n_t个发射天线同时探测目标，发射信号长度为K的正交波形，并被n_r个接收天线所接收，第j个发射天线发射信号为$s_j(j=1,2,\cdots,n_t)$，则第$i(i=1,2,\cdots,n_r)$个接收天线接收回波信号为

$$\boldsymbol{y}_i=\boldsymbol{S}\boldsymbol{h}_i+\boldsymbol{S}\boldsymbol{c}_i+\boldsymbol{b}_i+\boldsymbol{w}_i \tag{7-1}$$

式中：$\boldsymbol{S}=[s_1,s_2,\cdots,s_{n_t}]_{K\times n_t}$为发射波形矩阵；$\boldsymbol{h}_i=[h_{i,1},h_{i,2},\cdots,h_{i,n_t}]_{n_t\times 1}^{\mathrm{T}}$为路径增益矢量；$\boldsymbol{c}_i=[c_{i,1},c_{i,2},\cdots,c_{i,n_t}]_{n_t\times 1}^{\mathrm{T}}$为杂波损耗矢量；$\boldsymbol{b}_i$为$K\times 1$维干扰矢量；$\boldsymbol{w}_i$为$K\times 1$维噪声矢量。假设$\boldsymbol{h}_i$，$\boldsymbol{c}_i$，$\boldsymbol{b}_i$和$\boldsymbol{w}_i$都是独立同分布的高斯矢量，并分别服从分布$\boldsymbol{h}_i\sim\zeta N(0,\delta_h^2\boldsymbol{I}_{n_t})$，$\boldsymbol{c}_i\sim\zeta N(0,\delta_c^2\boldsymbol{I}_{n_t})$，$\boldsymbol{b}_i\sim\zeta N(0,\boldsymbol{R}_b)$，$\boldsymbol{w}_i\sim\zeta N(0,\boldsymbol{R}_w)$。

进一步定义：$\boldsymbol{H}=[\boldsymbol{h}_1,\boldsymbol{h}_2,\cdots,\boldsymbol{h}_{n_r}]_{n_t\times n_r}$，$\boldsymbol{C}=[\boldsymbol{c}_1,\boldsymbol{c}_2,\cdots,\boldsymbol{c}_{n_r}]_{n_t\times n_r}$，$\boldsymbol{W}=[\boldsymbol{w}_1,\boldsymbol{w}_2,\cdots,\boldsymbol{w}_{n_r}]_{K\times n_r}$，$\boldsymbol{J}=[\boldsymbol{b}_1,\boldsymbol{b}_2,\cdots,\boldsymbol{b}_{n_r}]_{K\times n_r}$，$\boldsymbol{Y}=[\boldsymbol{y}_1,\boldsymbol{y}_2,\cdots,\boldsymbol{y}_{n_r}]_{K\times n_r}$。

杂波环境中，认知 MIMO 雷达系统模型框图如图 7.1 所示，则接收回波可表示为

$$\boldsymbol{Y}=\boldsymbol{SH}+\boldsymbol{SC}+\boldsymbol{J}+\boldsymbol{W} \tag{7-2}$$

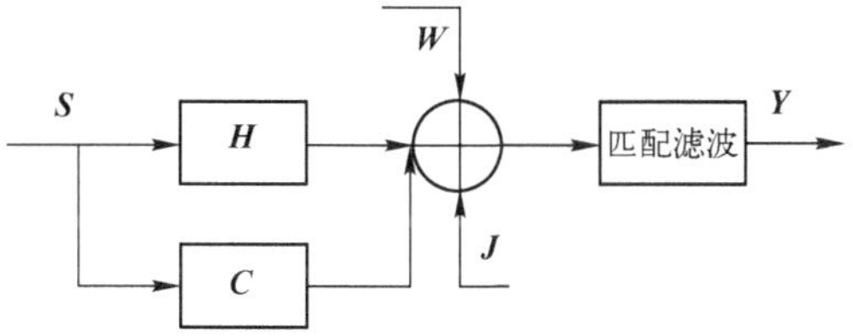

图 7.1　系统模型框图

$\boldsymbol{H}$ 和 $\boldsymbol{J}$、$\boldsymbol{C}$、$\boldsymbol{W}$ 统计独立，且均不依赖于发射信号 $\boldsymbol{S}$。雷达控制发射信号 $\boldsymbol{S}$，目标控制干扰 $\boldsymbol{J}$，两者都是对抗自适应控制系统，以实现雷达与目标间的博弈。

依据 H. von Stackelberg 的工作，在决策问题中处于强有力位置的参与者被称为领导者，而其他根据领导者的决策做出理性反应的被称为跟随者[4]。电子战环境中，认知 MIMO 雷达和目标双方作为博弈的参与者，它们之间的动态交互可以用 Stackbelberg 博弈模型来描述。

要研究 Stackbelberg 博弈这种分等级博弈问题，首先必须研究认知 MIMO 雷达与目标在单方面博弈中的表现，以便为分析双方分等级博弈奠定基础。

依据模型，$\boldsymbol{H}$ 和 $\boldsymbol{J}$、$\boldsymbol{C}$、$\boldsymbol{W}$ 统计独立，$\boldsymbol{S}$ 已知时 $\boldsymbol{Y}$ 服从均值为 0、协方差为$(\delta_h^2\boldsymbol{SS}^{\mathrm{H}}+\delta_c^2\boldsymbol{SS}^{\mathrm{H}}+\boldsymbol{R}_b+\boldsymbol{R}_w)$的高斯分布；用 $H(\cdot)$ 表示微分熵，$\det(\cdot)$ 和 $\mathrm{trace}(\cdot)$ 分别表示行列式和矩阵的迹，可知：$\boldsymbol{S}$ 已知时，$\boldsymbol{Y}$ 与 $\boldsymbol{H}$ 间互信息量为[5]

$$\begin{aligned}\mathrm{MI}(\boldsymbol{H},\boldsymbol{Y}|\boldsymbol{S})&=H(\boldsymbol{Y}|\boldsymbol{S})-H(\boldsymbol{Y}|\boldsymbol{H},\boldsymbol{S})\\&=n_r\lg\frac{\det(\delta_h^2\boldsymbol{SS}^{\mathrm{H}}+\delta_c^2\boldsymbol{SS}^{\mathrm{H}}+\boldsymbol{R}_b+\boldsymbol{R}_w)}{\det(\delta_c^2\boldsymbol{SS}^{\mathrm{H}}+\boldsymbol{R}_b+\boldsymbol{R}_w)}\\&=n_r\lg\left[\det\left(\frac{\delta_h^2\boldsymbol{I}_K}{\delta_c^2\boldsymbol{I}_K+\left[(\boldsymbol{R}_b+\boldsymbol{R}_w)^{-\frac{1}{2}}(\boldsymbol{SS}^{\mathrm{H}})(\boldsymbol{R}_b+\boldsymbol{R}_w)^{-\frac{1}{2}}\right]^{-1}}+\boldsymbol{I}_K\right)\right]\end{aligned} \tag{7-3}$$

进行特征值分解 $\boldsymbol{R}_w=\boldsymbol{U}_w\boldsymbol{\Lambda}_w\boldsymbol{U}_w^{\mathrm{H}}$，$\boldsymbol{R}_b=\boldsymbol{U}_b\boldsymbol{\Lambda}_b\boldsymbol{U}_b^{\mathrm{H}}$，$\boldsymbol{SS}^{\mathrm{H}}=\boldsymbol{U}_s\boldsymbol{\Gamma}_s\boldsymbol{U}_s^{\mathrm{H}}$，可得到 $\boldsymbol{U}_s=\boldsymbol{U}_w\boldsymbol{P}_1$，$\boldsymbol{U}_b=\boldsymbol{U}_w\boldsymbol{P}_2$[3]，$\boldsymbol{P}_1$ 和 $\boldsymbol{P}_2$ 为任意置换矩阵。

信号子空间的维数是 n_t，于是本征值矩阵可写为 $\boldsymbol{\Gamma}_s=\begin{bmatrix}\boldsymbol{\Lambda}_s & \\ & \boldsymbol{0}_{(K-n_t)\times(K-n_t)}\end{bmatrix}$，其中 $\boldsymbol{\Lambda}_s=\mathrm{diag}\{\delta_1^s,\delta_2^s,\cdots,\delta_{n_t}^s\}$。

另外，令 $\boldsymbol{\Lambda}_b=\text{diag}\{\delta_1^b,\delta_2^b,\cdots,\delta_K^b\}$，$\boldsymbol{\Lambda}_w=\text{diag}\{\delta_1^w,\delta_2^w,\cdots,\delta_K^w\}$，其中 $\delta_1^w\leqslant\delta_2^w\leqslant\cdots\leqslant\delta_K^w$，定义发射波形矩阵 $\boldsymbol{S}=\boldsymbol{U}_w\boldsymbol{P}_1[\sqrt{\boldsymbol{\Lambda}_s},\boldsymbol{0}_{n_t\times(K-n_t)}]^{\mathrm{T}}$。

为不失一般性，假设 $\delta_1^b+\delta_1^w\leqslant\delta_2^b+\delta_2^w\leqslant\cdots\leqslant\delta_K^b+\delta_K^w$，$\boldsymbol{P}_1=\boldsymbol{P}_2=\boldsymbol{I}$，则矩阵 $(\boldsymbol{R}_b+\boldsymbol{R}_w)$ 可以分解为 $(\boldsymbol{R}_b+\boldsymbol{R}_w)=\boldsymbol{U}_w(\boldsymbol{\Lambda}_b+\boldsymbol{\Lambda}_w)\boldsymbol{U}_w^{\mathrm{H}}$。

令 $\boldsymbol{Z}=\boldsymbol{U}_w^{\mathrm{H}}\boldsymbol{S}$，则 $\text{trace}(\boldsymbol{Z}\boldsymbol{Z}^{\mathrm{H}})=\text{trace}(\boldsymbol{S}\boldsymbol{S}^{\mathrm{H}})$，故目标脉冲响应和目标回波间的互信息量可表示为

$$\text{MI}(\boldsymbol{H},\boldsymbol{Y}|\boldsymbol{S})=n_r\left[\det\left(\frac{\delta_h^2\boldsymbol{I}_K}{\delta_c^2\boldsymbol{I}_K+\left[(\boldsymbol{\Lambda}_b+\boldsymbol{\Lambda}_w)^{-\frac{1}{2}}\boldsymbol{Z}\boldsymbol{Z}^{\mathrm{H}}(\boldsymbol{\Lambda}_b+\boldsymbol{\Lambda}_w)^{-\frac{1}{2}}\right]^{-1}}+\boldsymbol{I}_K\right)\right] \tag{7-4}$$

7.2 单方面博弈时波形优化

所谓单方面博弈，指的是博弈中一个参与者拥有其他参与者策略的完全信息，能够干扰阻止其他参与者的策略而后者却不知情。这样，此参与者能够一直选择最好的策略来应对博弈，此时二元零和博弈的优化问题可简化为一个参与者的优化问题，故可得到该参与者的最优注水方案。

鉴于认知 MIMO 雷达与目标双方在博弈中所处的同等地位，需分别从它们各自单方面博弈的情况进行研究。

7.2.1 雷达单方面博弈波形优化

下面分析认知 MIMO 雷达单方面博弈时的情况。考虑到受雷达信号总功率的限制，即用 P_s 表示，雷达单方面博弈时发射波形的优化问题，就是雷达依据噪声（或干扰）子空间的情况分配雷达发射功率以最大化互信息量，即

$$\begin{aligned}&\max_{\boldsymbol{\Lambda}_s}\quad \text{MI}(\boldsymbol{H},\boldsymbol{Y}|\boldsymbol{S})\\&\text{s.t.}\quad \text{trace}(\boldsymbol{Z}\boldsymbol{Z}^{\mathrm{H}})=\text{trace}(\boldsymbol{\Lambda}_s)\leqslant P_s\end{aligned} \tag{7-5}$$

依据文献［6］，$(\boldsymbol{\Lambda}_b+\boldsymbol{\Lambda}_w)^{-\frac{1}{2}}\boldsymbol{Z}\boldsymbol{Z}^{\mathrm{H}}(\boldsymbol{\Lambda}_b+\boldsymbol{\Lambda}_w)^{-\frac{1}{2}}$ 是半正定矩阵，当它为对角阵时，互信息量 $\text{MI}(\boldsymbol{H},\boldsymbol{Y}|\boldsymbol{S})$ 达到最大值。那么优化问题可重写为

$$\begin{aligned}&\max_{\delta_j^s}\quad n_r\sum_{j=1}^{n_t}\lg\left(\frac{\delta_h^2}{\delta_c^2+(\delta_j^b+\delta_j^w)/\delta_j^s}+1\right)\\&\text{s.t.}\quad \sum_{j=1}^{n_t}\delta_j^s\leqslant P_s\end{aligned} \tag{7-6}$$

应用通用注水法[7]得到优化解为

$$\delta_j^s=\left\{\left[\left(\frac{b}{2a}\right)^2+\frac{\lambda_1\delta_h^2(\delta_j^b+\delta_j^w)-(\delta_j^b+\delta_j^w)^2}{a}\right]^{\frac{1}{2}}-\frac{b}{2a}\right\}^+ \tag{7-7}$$

$$a=(\delta_h^2+\delta_c^2)\delta_c^2,\ \ b=(\delta_j^b+\delta_j^w)(\delta_h^2+2\delta_c^2)$$

式中：$(x)^+=\begin{cases}x, & x>0\\ 0, & x\leqslant 0\end{cases}$。广义注水水位 λ_1 由 $\sum\limits_{j=1}^{n_t}\delta_j^s=P_s$ 确定。如果雷达信号功率增加，杂波强度也会增强，从而影响到雷达性能，所以越小值的 $\delta_j^b+\delta_j^w$ 对应越大值的 δ_j^s 并不仍然成立，但这一规律在广义注水水位满足 $\lambda_1\delta_h^2<2(\delta_j^b+\delta_j^w),j=1,2,\cdots,n_t$ 时仍成立，所以它取决于雷达信号总功率的大小。

7.2.2　目标单方面博弈干扰优化

目标单方面博弈的干扰优化等价于目标知道雷达功率分配方案后，通过施放干扰（合理分配干扰功率）可最小化互信息量，即

$$\begin{aligned}&\min_{\delta_j^b}\quad n_r\sum_{j=1}^{n_t}\lg\left(\frac{\delta_h^2\delta_j^s}{\delta_c^2\delta_j^s+(\delta_j^b+\delta_j^w)}+1\right)\\&\text{s.t.}\quad \operatorname{trace}(\Lambda_b)=\sum_{j=1}^{n_t}\delta_j^b\leqslant P_b\end{aligned} \tag{7-8}$$

令 $f(\delta_j^b\mid\delta_j^w)=\lg\left(\frac{a_j}{b_j+\delta_j^b+\delta_j^w}+1\right)$，$a_j=\delta_j^s\delta_h^2$，$b_j=\delta_j^s\delta_c^2$，有

$$\begin{cases}\dfrac{\partial f(\cdot)}{\partial\delta_j^b}=\dfrac{-a_j}{(a_j+b_j+\delta_j^b+\delta_j^w)(b_j+\delta_j^b+\delta_j^w)}<0\\[2ex]\dfrac{\partial^2 f(\cdot)}{\partial^2\delta_j^b}=\dfrac{a_j(a_j+2b_j+2\delta_j^b+2\delta_j^w)}{(a_j+b_j+\delta_j^b+\delta_j^w)^2(b_j+\delta_j^b+\delta_j^w)^2}>0\end{cases} \tag{7-9}$$

由式（7-9）可知 $f(\delta_j^b\mid\delta_j^w)$ 单调递减并下凹，因此式（7-8）的优化解唯一。

7.3　分等级博弈时波形优化

分等级博弈是指一个参与者能够干扰阻止另一方的策略而后者知晓这一切，二元零和博弈可等效为保守的两步优化问题。作为博弈的双方，领导者率先行动，跟随者在观察领导者的选择后做出自己的选择，Stackelberg 博弈中的领导者知道自己的策略将会被对手侦察。从保守性和合理性考虑，领导者将采取能避免最坏情况出现的策略，从而博弈能达到 Stackelberg 均衡[3]，即两步

注水优化方案的解。

7.3.1 博弈中目标占优时两步优化

若雷达能够截取目标干扰的功率分配，目标知晓但仍表现保守，目标为隐身，那么只能通过合理分配干扰功率，最小化该最大互信息量值来降低损失，即

$$\min_{\boldsymbol{\Lambda}_b}\max_{\boldsymbol{\Lambda}_s}\quad n_r\lg\left[\det\left(\frac{\delta_h^2\boldsymbol{I}_K}{\delta_c^2\boldsymbol{I}_K+\left[(\boldsymbol{\Lambda}_b+\boldsymbol{\Lambda}_w)^{-\frac{1}{2}}\boldsymbol{Z}\boldsymbol{Z}^{\mathrm{H}}(\boldsymbol{\Lambda}_b+\boldsymbol{\Lambda}_w)^{-\frac{1}{2}}\right]^{-1}}+\boldsymbol{I}_K\right)\right] \tag{7-10}$$

$$\text{s. t.}\quad \operatorname{trace}(\boldsymbol{\Lambda}_s)\leqslant P_s,\operatorname{trace}(\boldsymbol{\Lambda}_b)\leqslant P_b$$

式中：P_b 为目标干扰总功率的限制。侦察截取能力使得认知 MIMO 雷达能够最优的应对其对手，所以式（7-6）的结果仍可应用于第一步优化。基于式（4-7），杂波环境中 minmax 优化方案可表示为

$$\begin{aligned}
&\min_{\delta_j^b}\quad n_r\sum_{j=1}^{n_t}\lg\left(\frac{\delta_h^2}{\delta_c^2+(\delta_j^b+\delta_j^w)/\delta_j^s}+1\right)\\
&\text{s. t.}\quad \sum_{j=1}^{n_t}\left\{\left[\left(\frac{b}{2a}\right)^2+\frac{\lambda_1\delta_h^2(\delta_j^b+\delta_j^w)-(\delta_j^b+\delta_j^w)^2}{a}\right]^{\frac{1}{2}}-\frac{b}{2a}\right\}^+=P_s\\
&\delta_1^b+\delta_1^w\leqslant\delta_2^b+\delta_2^w\leqslant\cdots\leqslant\delta_j^b+\delta_j^w\\
&\sum_{k=1}^{K}\delta_k^b\leqslant P_b
\end{aligned} \tag{7-11}$$

值得一提的是，最优子空间的选择取决于第二个限制条件，即噪声加干扰的大小顺序关系。为找到均衡解，首先解决领导者的 δ_k^b 是有必要的，因为它是式（7-11）的关键所在。

均衡中 δ_k^b 的值为

$$\delta_k^b=(\lambda_2-\delta_k^w)^+,\quad k=1,2,\cdots,K \tag{7-12}$$

将式（7-12）代入式（7-7）可以得到 δ_j^s 的均衡解。杂波环境中 minmax 优化方案均衡解为

$$\begin{cases}\delta_k^b=(\lambda_2-\delta_k^w)^+,\quad k=1,2,\cdots,K\\ \delta_j^s=\left\{\left[\left(\dfrac{b}{2a}\right)^2+\dfrac{\lambda_1\delta_h^2(\delta_j^b+\delta_j^w)-(\delta_j^b+\delta_j^w)^2}{a}\right]^{\frac{1}{2}}-\dfrac{b}{2a}\right\}^+,\quad j=1,2,\cdots,n_t\end{cases} \tag{7-13}$$

其中，广义注水水位（GWF level）λ_1 由 $\sum_{j=1}^{n_t}\delta_j^s=P_s$ 确定，注水水位（WF level）λ_2 由 $\sum_{k=1}^{K}\delta_k^b=P_b$ 确定。

显然，Stackelberg 博弈中 minmax 优化策略可理解为两步注水的过程：①目标根据噪声子空间情况注入干扰功率；②雷达将依据噪声与干扰两者之和及传输中的杂波应用通用注水法分配信号发射功率。

与文献［3］类似，定义干扰起始功率为 $P_n = \sum_{j=1}^{n_t}(\delta^w_{n_t+1} - \delta^w_{n_t+1-j})$，而均衡的唯一性则取决于式（7-11）中第二项限制条件$(\delta^b_k+\delta^w_k)$的大小顺序是否唯一。

minmax 优化方案的优化解在 $K=n_t$或 $K>n_t$，$P_b<P_n$的情况下是唯一的，所以均衡亦唯一。但是对于 $K>n_t$，$P_b \geqslant P_n$的情况，就有多种可能来实现均衡。例如，令 $K=4$，$n_t=3$，$\delta^w_1=\delta^w_2=\delta^w_3=1$，$\delta^w_4=2$，$P_b=3$，$P_s=3$，功率分配的均衡可以为（$\boldsymbol{\Lambda}_b=\mathrm{diag}\{1,1,1,0\}$，$\boldsymbol{\Gamma}_s=\boldsymbol{P}_3\mathrm{diag}\{1,1,1,0\}\boldsymbol{P}_3^{\mathrm{T}}$），其中 $\boldsymbol{P}_3$表示一任意的 4×4 置换矩阵。但有趣的是，所有均衡都有相同的互信息量值，而博弈则保证均衡能达到其中一个。

实际电子战环境中，目标能够施放强电磁干扰，因此认知 MIMO 雷达的部分发射天线可能遭受摧毁。

假设被摧毁的发射天线为 l，该天线被摧毁而雷达未感知天线状态，认知 MIMO 雷达发射信号和目标干扰均未采取任何应对措施，仍按原有方案分配功率，此时其他天线功率分配情况和广义注水水位均未变化，则 minmax 优化方案最优解变为

$$\begin{aligned}
&\delta^b_k=(\lambda_2-\delta^w_k)^+,\quad k=1,2,\cdots,K\\
&\delta^s_j=\left\{\left[\left(\frac{b}{2a}\right)^2+\frac{\lambda_1\delta^2_h(\delta^b_j+\delta^w_j)-(\delta^b_j+\delta^w_j)^2}{a}\right]^{\frac{1}{2}}-\frac{b}{2a}\right\}^+,\quad j=1,2,\cdots,n_t\text{且}\, j\neq l\\
&\delta^s_j=0,\quad j=l
\end{aligned}\tag{7-14}$$

如果天线状态及损毁情况被感知，认知 MIMO 雷达和目标都通过调整功率分配以应对天线损毁，经再次优化，达到另一均衡。此时优化方案均衡解变为

$$\begin{aligned}
&\delta^b_k=(\lambda_4-\delta^w_k)^+,\quad k=1,2,\cdots,K\text{ 且 }k\neq l\\
&\delta^b_k=0,\quad k=l,\\
&\delta^s_j=\left\{\left[\left(\frac{b}{2a}\right)^2+\frac{\lambda_3\delta^2_h(\delta^b_j+\delta^w_j)-(\delta^b_j+\delta^w_j)^2}{a}\right]^{\frac{1}{2}}-\frac{b}{2a}\right\}^+,\quad j=1,2,\cdots,n_t\text{且}\, j\neq l\\
&\delta^s_j=0,\quad j=l
\end{aligned}\tag{7-15}$$

式中：广义注水水位 λ_3由 $\sum_{j=1,j\neq l}^{n_t}\delta^s_j=P_s$ 确定；注水水位 λ_4由 $\sum_{k=1,k\neq l}^{K}\delta^b_k=P_b$ 确定。

面对干扰，经再次优化，信号功率得以重新分配，已被摧毁天线未分配功率，广义注水水位和其他天线的功率均得到提高，互信息量的降低值有所减小，即等价于均衡中发射天线的个数由 n_t 变为 n_t-1。

另外，弱杂波环境中波形优化近似于无杂波时注水优化，雷达发射信号功率集中于 $\delta_j^b+\delta_j^w$ 值小对应的子空间，minmax 优化方案均衡解为

$$\begin{cases}\delta_k^b=(\lambda_2-\delta_k^w)^+\\ \delta_j^s=\left(\lambda_1-\dfrac{\delta_j^b+\delta_j^w}{\delta_h^2}\right)^+=\left(\min\left\{\lambda_1-\dfrac{\lambda_2}{\delta_h^2},\lambda_1-\dfrac{\delta_j^w}{\delta_h^2}\right\}\right)^+\end{cases} \tag{7-16}$$

7.3.2 博弈中雷达占优时两步优化

若目标具有感知雷达信号功率分配的能力，雷达知晓但仍表现保守，雷达为检测目标，那么只能通过合理分配信号功率最大化该最小互信息量值来降低损失，即

$$\begin{aligned}&\max_{\boldsymbol{\Lambda}_s}\min_{\boldsymbol{\Lambda}_b}\quad n_r\lg\left[\det\left(\frac{\delta_h^2\boldsymbol{I}_K}{\delta_c^2\boldsymbol{I}_K+\left[(\boldsymbol{\Lambda}_b+\boldsymbol{\Lambda}_w)^{-\frac{1}{2}}\mathbf{ZZ}^{\mathrm{H}}(\boldsymbol{\Lambda}_b+\boldsymbol{\Lambda}_w)^{-\frac{1}{2}}\right]^{-1}}+\boldsymbol{I}_K\right)\right]\\&\text{s.t.}\quad \operatorname{trace}(\boldsymbol{\Lambda}_b)\leqslant P_b,\operatorname{trace}(\boldsymbol{\Lambda}_s)\leqslant P_s\end{aligned} \tag{7-17}$$

直接优化较困难，但从合理性考虑，为避免结果变更坏，雷达不会将信号功率注入 $(K-n_t)$ 个噪声较强的子空间，而是会选 n_t 个小特征值为 $\delta_j^w(j=1,2,\cdots,n_t)$ 的噪声子空间，而目标能够感知雷达信号的功率分配，故也只选择该 n_t 个子空间分配干扰功率。从而，式（7-17）可写为

$$\begin{aligned}&\max_{\delta_j^s}\min_{\delta_j^b}\quad n_r\sum_{j=1}^{n_t}\lg\left(\frac{\delta_h^2}{\delta_c^2+(\delta_j^b+\delta_j^w)/\delta_j^s}+1\right)\\&\text{s.t.}\quad \sum_{j=1}^{n_t}\delta_j^b\leqslant P_b,\sum_{j=1}^{n_t}\delta_j^s\leqslant P_s\end{aligned} \tag{7-18}$$

式（7-18）的优化问题等价于[8]

$$\begin{aligned}&\min_{\delta_j^b}\max_{\delta_j^s}\quad n_r\sum_{j=1}^{n_t}\lg\left(\frac{\delta_h^2}{\delta_c^2+(\delta_j^b+\delta_j^w)/\delta_j^s}+1\right)\\&\text{s.t.}\quad \sum_{j=1}^{n_t}\delta_j^b\leqslant P_b,\sum_{j=1}^{n_t}\delta_j^s\leqslant P_s\end{aligned} \tag{7-19}$$

与式（7-13）的推导类似，杂波环境中 maxmin 优化方案均衡解为

$$\begin{cases}\delta_k^b=0,k=n_t+1,n_t+2,\cdots,K\\ \delta_k^b=(\lambda_6-\delta_k^w)^+,k=1,2,\cdots,n_t\\ \delta_j^s=\left\{\left[\left(\dfrac{b}{2a}\right)^2+\dfrac{\lambda_5\delta_h^2(\delta_j^b+\delta_j^w)-(\delta_j^b+\delta_j^w)^2}{a}\right]^{\frac{1}{2}}-\dfrac{b}{2a}\right\}^+,j=1,2,\cdots,n_t\end{cases}\tag{7-20}$$

式中：广义注水水位 λ_5 由 $\sum_{j=1}^{n_t}\delta_j^s=P_s$ 确定；注水水位 λ_6 由 $\sum_{k=1}^{n_t}\delta_j^b=P_b$ 确定。

maxmin 优化方案同样可等效为二步注水过程，但干扰功率集中于更少的噪声子空间。

maxmin 优化方案的优化解在 $K=n_t$的情况下也是唯一的，因其只有一个均衡解。但是对于 $K>n_t$，$\delta_{n_t}^w=\delta_{n_t+1}^w$，$P_s>P_n-P_b$的情况，均衡就不再唯一，因雷达可选择对应于 $\delta_{n_t}^w$或 $\delta_{n_t+1}^w$的噪声子空间。例如，令 $K=4$，$n_t=3$，$\delta_1^w=1$，$\delta_2^w=2$，$\delta_3^w=\delta_4^w=3$，$P_b=1$，$P_s=3$，分别讨论两种特殊情况。

（1）若 $\lambda_1\delta_h^2<2(\delta_1^b+\delta_1^w)$，则 $\delta_j^b+\delta_j^w$的值越小，对应 δ_j^s的值就越大，所以（$\boldsymbol{\Lambda}_b=\mathrm{diag}\{1,0,0,0\}$，$\boldsymbol{\Gamma}_s=\mathrm{diag}\{1,1,0,1\}$）和（$\boldsymbol{\Lambda}_b=\mathrm{diag}\{1,0,0,0\}$，$\boldsymbol{\Gamma}_s=\mathrm{diag}\{1,1,1,0\}$）都是均衡解。

（2）若 $\lambda_1\delta_h^2>2(\delta_K^b+\delta_K^w)$，则 $\delta_j^b+\delta_j^w$的值越小对应 δ_j^s的值就越小，所以（$\boldsymbol{\Lambda}_b=\mathrm{diag}\{1,0,0,0\}$，$\boldsymbol{\Gamma}_s=\mathrm{diag}\{1,0,1,1\}$）和（$\boldsymbol{\Lambda}_b=\mathrm{diag}\{1,0,0,0\}$，$\boldsymbol{\Gamma}_s=\mathrm{diag}\{0,1,1,1\}$）都是均衡解。

与 minmax 优化方案类似，这些均衡并不会改变互信息量的值，且博弈会达到其中的一个均衡。

若认知 MIMO 雷达的第 l 个发射天线遭受损毁，则 maxmin 优化方案最优解变为

$$\begin{cases}\delta_k^b=0,k=n_t+1,n_t+2,\cdots,K\\ \delta_k^b=(\lambda_6-\delta_k^w)^+,k=1,2,\cdots,n_t\\ \delta_j^s=\left\{\left[\left(\dfrac{b}{2a}\right)^2+\dfrac{\lambda_5\delta_h^2(\delta_j^b+\delta_j^w)-(\delta_j^b+\delta_j^w)^2}{a}\right]^{\frac{1}{2}}-\dfrac{b}{2a}\right\}^+,\quad j=1,2,\cdots,n_t\text{且}j\neq l\\ \delta_j^s=0,\quad j=l\end{cases}\tag{7-21}$$

认知 MIMO 雷达和目标同时调整功率分配以应对雷达天线损毁情况，此时优化方案均衡解变为

$$\begin{cases}\delta_k^b=0,k=n_t+1,n_t+2,\cdots,K\text{ 或 }k=l\\ \delta_k^b=(\lambda_8-\delta_k^w)^+,k=1,2,\cdots,n_t\text{且 }k\neq l\\ \delta_j^s=\left\{\left[\left(\dfrac{b}{2a}\right)^2+\dfrac{\lambda_7\delta_h^2(\delta_j^b+\delta_j^w)-(\delta_j^b+\delta_j^w)^2}{a}\right]^{\frac{1}{2}}-\dfrac{b}{2a}\right\}^+,\quad j=1,2,\cdots,n_t\text{且 }j\neq l\\ \delta_j^s=0,\quad j=l\end{cases}\tag{7-22}$$

式中：广义注水水位 λ_7 由 $\sum\limits_{j=1,j\neq l}^{n_t}\delta_j^s=P_s$ 确定；注水水位 λ_8 由 $\sum\limits_{k=1,k\neq l}^{K}\delta_k^b=P_b$ 确定。

另外，弱杂波环境中 maxmin 优化方案均衡解为

$$\begin{cases}\delta_k^b=0,k=1,2,\cdots,K-n_t\\ \delta_k^b=(\lambda_6-\delta_k^w)^+,k=K-n_t+1,\cdots,K\\ \delta_j^s=\left(\lambda_5-\dfrac{\delta_j^b+\delta_j^w}{\delta_h^2}\right)^+=\left(\min\left\{\lambda_5-\dfrac{\lambda_6}{\delta_h^2},\lambda_5-\dfrac{\delta_j^w}{\delta_h^2}\right\}\right)^+\end{cases}\tag{7-23}$$

7.4 仿真验证及性能分析

仿真中，发射天线数目 $n_t=4$，接收天线数目 $n_r=6$，发射信号长度 $K=6$，噪声协方差矩阵的滞后相关系数 $\rho=0.2$，噪声谱方差 $\delta_n^2=10$，目标脉冲响应谱方差 $\delta_h^2=1$，强杂波谱方差 $\delta_c^2=1$，弱杂波谱方差 $\delta_c^2=0.01$。

7.4.1 雷达信号总功率 P_s 为定值时性能分析

雷达发射信号总功率 $P_s=40\text{W}$，目标干扰总功率变化范围为 $P_b=1\sim40\text{W}$，图 7.2 反映各优化方案第一步注水时目标依据噪声子空间的强弱分配干扰功率，因杂波只影响第二步注水，所以强弱杂波环境中均一样。δ_k^w 值越小，对应 δ_k^b 值越大，随着干扰功率增加，噪声强的子空间也相继分配干扰功率。

如图 7.2（a）所示，低干扰功率时，因噪声子空间中 δ_1^w 和 δ_2^w 最小，所以只有 δ_1^b 和 δ_2^b 不为零，且 $\delta_1^b/\delta_2^b=4$，即只给 δ_1^b 和 δ_2^b 对应的目标干扰子空间分配功率，但随着目标干扰总功率增大，当总功率增大到 3W、8W、16W、25W 时，δ_3^b、δ_4^b、δ_5^b、δ_6^b 相继不再为零，即其他各子空间先后开始分配功率。干扰功率继续增大，各子空间功率差别逐渐减小，但仍是噪声子空间越弱，对应干扰子空间分配功率越大。对比图 7.2（a）、图 7.2（b）可看出：图 7.2（b）中不同之处在于 δ_5^b、δ_6^b 的值始终为 0，是因为 maxmin 优化中目标能够感知雷达信

号的经典功率分配方案，从合理性考虑，目标会以雷达功率分配情况为依据，因此不会给强噪声对应的子空间 $n_t+1,n_t+2,\cdots,K$ 分配干扰功率。

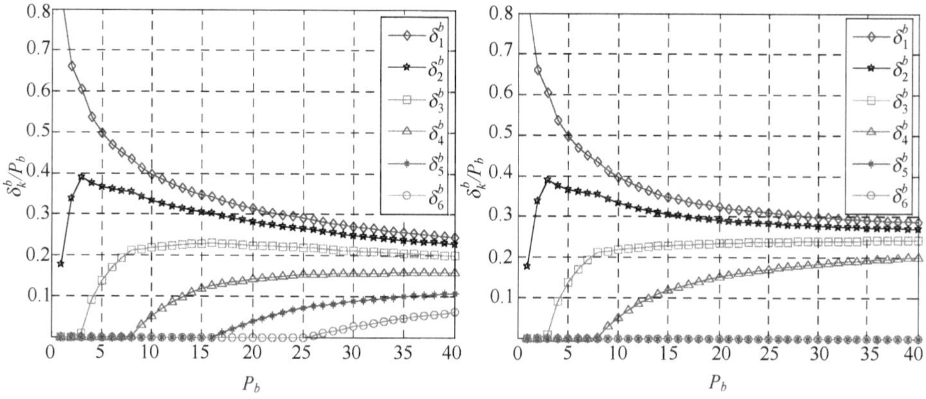

(a) minmax　　(b) maxmin

图 7.2　各优化方案中目标干扰功率分配情况

由公式推导可知，两种优化方案中信号功率分配情况是一致的。图 7.3（a）和图 7.3（b）分别展示了强弱杂波环境中第二步通用注水时雷达信号功率分配情况。对比图 7.3（a）、图 7.3（b）可知：干扰功率较低时，强杂波与弱杂波中各信号子空间分配的功率大小情况正好相反。

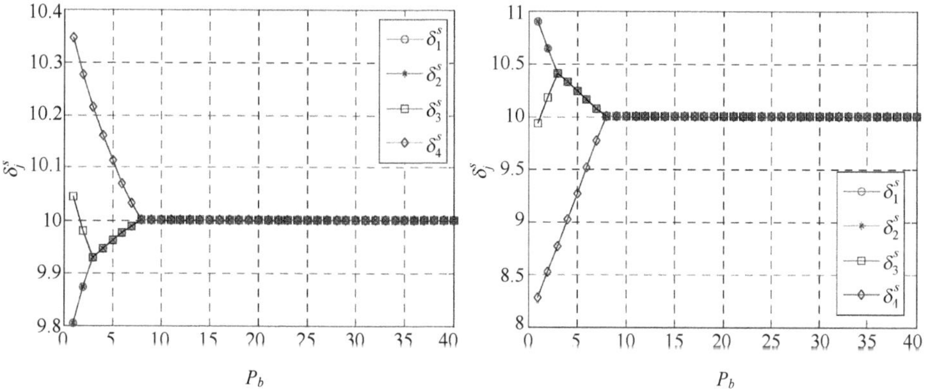

(a) 强杂波　　(b) 弱杂波

图 7.3　两环境中雷达信号功率分配情况

$P_b<8$ 时，δ_k^b 值较小甚至为零。弱杂波环境，近似于无杂波，即文献［3］中的情况，雷达依据噪声子空间强弱分配信号功率 $\delta_j^s=[\eta-(\delta_j^b+\delta_j^w)]^+,j=1,2,\cdots,n_t$，噪声子空间越弱，对应发射天线分配功率越大，反之，分配功率越

小；强杂波环境，雷达在增加某个天线信号发射功率时，回波增强的同时杂波也增强，因此原有功率分配方案不再适用。通过仿真发现，干扰功率较低时，强弱杂波中对应雷达发射天线的信号子空间功率分配，大小顺序正好相反。

从图 7.3 可看出，随着干扰功率增加，各信号子空间分配的功率趋于一致，这是因为 $P_b \geq 8$ 时，所有选用的 δ_k^b 在第一步注水时都被激活，此时 $\delta_k^b+\delta_k^w$ 为常数，而 δ_j^s 正是根据 $\delta_k^b+\delta_k^w$ 的值注水实现的。同时无论杂波强弱，各信号子空间 δ_j^s 对应的值均为 10，说明干扰功率充分大时，杂波几乎不再影响雷达各天线上信号功率的分配。

强杂波环境中优化后矩阵 **S** 代表的发射信号如表 7.1 和表 7.2 所列。对比两表可看出，信号总功率较小时，优化后信号可将功率集中于高性能天线，有效利用功率提高系统性能。

表 7.1　优化后信号（$P_s=40\text{W}$，$P_b=1\text{W}$）

长度＼天线	$j=1$	$j=2$	$j=3$	$j=4$
$k=1$	0.6572	-1.2168	1.6015	1.7096
$k=2$	-1.3029	1.6816	-0.864	0.6087
$k=3$	1.6652	-0.7707	-1.3081	-1.3711
$k=4$	-1.6652	-0.7707	1.3081	-1.3711
$k=5$	1.3029	1.6816	0.864	0.6087
$k=6$	-0.6572	-1.2168	-1.6015	1.7096

表 7.2　优化后信号（$P_s=1\text{W}$，$P_b=1\text{W}$）

长度＼天线	$j=1$	$j=2$	$j=3$	$j=4$
$k=1$	0.1386	-0.2566	0.1813	0
$k=2$	-0.2747	0.3546	-0.0978	0
$k=3$	0.3511	-0.1625	-0.1481	0
$k=4$	-0.3511	-0.1625	0.1481	0
$k=5$	0.2747	0.3546	0.0978	0
$k=6$	-0.1386	-0.2566	-0.1813	0

Stackelberg 博弈中两种优化方案的互信息量在强杂波环境和弱杂波环境中随干扰总功率变化情况如图 7.4 所示，接收回波与目标脉冲响应间互信息量均随干扰总功率增加而降低。

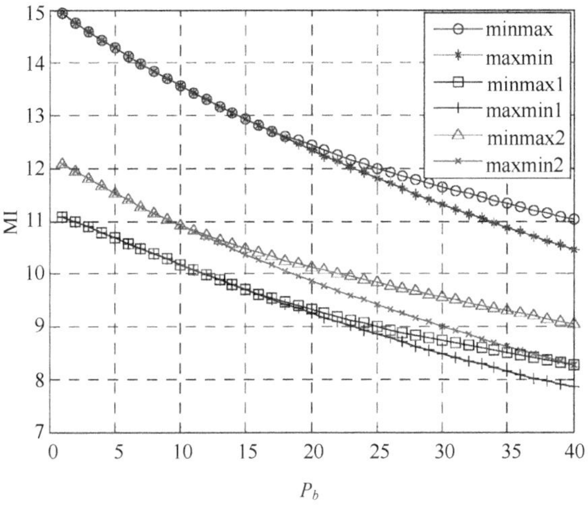

(a) 强杂波

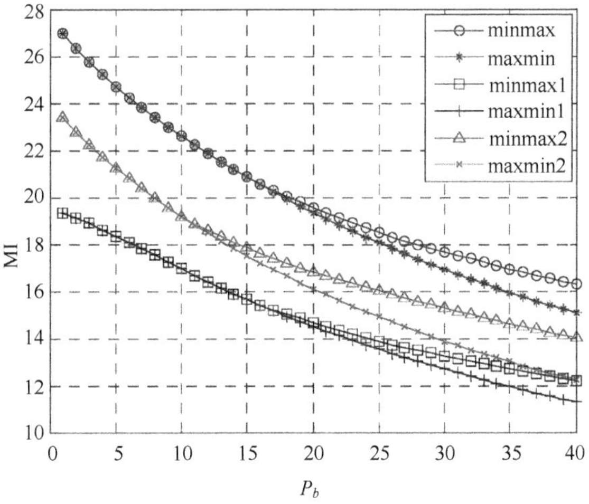

(b) 弱杂波

图 7.4　两环境中互信息量（MI）随 P_b 变化规律

由图 7.4 不难发现：$P_b \leqslant P_n = 16\text{W}$ 时，minmax 和 maxmin 优化中的互信息量均相同，但 $P_b > P_n$ 时 minmax 中的互信息量均大于 maxmin 中的，从而证明了干扰起始功率 P_n 定义的合理性，这也间接说明了 maxmin 受干扰总功率影响程度高于 minmax。

干扰摧毁雷达部分发射天线后，两优化方案（minmax1 和 maxmin1）的互信息量均下降，但变化规律仍与未摧毁时优化结果一致，干扰起始功率 P_n 未变化；但如果天线状态已被感知，经再次优化后，两优化方案（minmax2 和

maxmin2）互信息量又有所提升，但此时干扰起始功率 P_n 变为了 10W。

7.4.2 目标干扰总功率 P_b 为定值时性能分析

目标干扰总功率一定（$P_b=40\text{W}$）时，图 7.5 为目标干扰功率分配示意图，与图 7.1 一致，更直观反映两优化方案中干扰功率分配的差异。

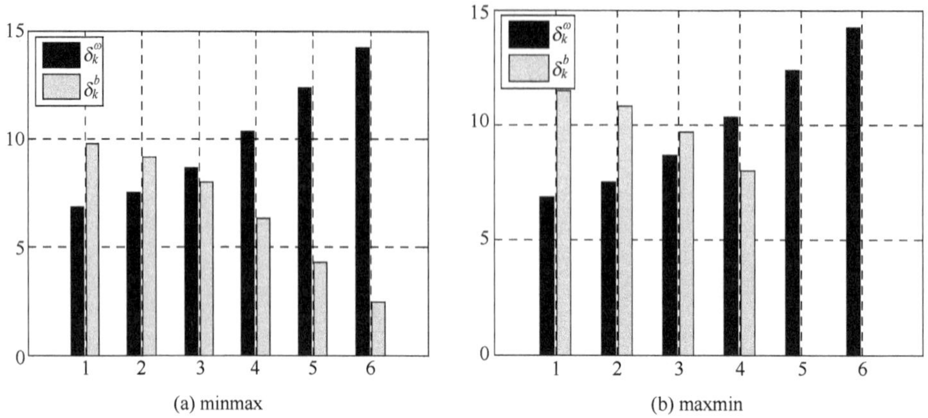

图 7.5　目标干扰功率分配（$P_b=40$）

图 7.6 反映干扰功率一定时雷达天线信号功率分配情况，因为存在杂波，所以各天线功率分配情况在信号总功率较低和较高时相反，并以信号总功率为 25 时为分界点，进一步验证表 7.1 和表 7.2 中数据差异的可靠性。

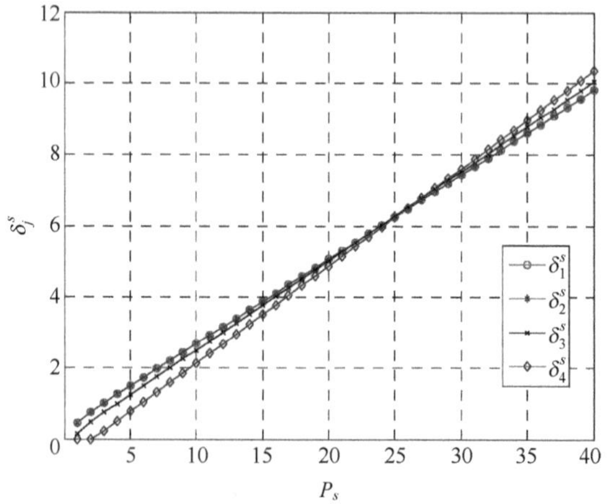

图 7.6　强杂波中雷达信号功率分配（$P_b=1$）

杂波环境下，目标干扰总功率一定（$P_b=40$）时，Stackelberg 博弈中两种优化方案的互信息量随雷达信号总功率变化情况如图 7.7 所示：minmax 中的互信息量值始终高于 maxmin 中的，且随着雷达信号功率增大，两者的互信息量相差越大；强电磁干扰摧毁雷达某一天线时，两优化方案的互信息量均下降，但经波形再次优化，雷达发射信号功率得到充分利用，注水水位得到提升，相比未再次优化互信息量自然有所提升，但仍低于雷达天线未被摧毁时互信息量。

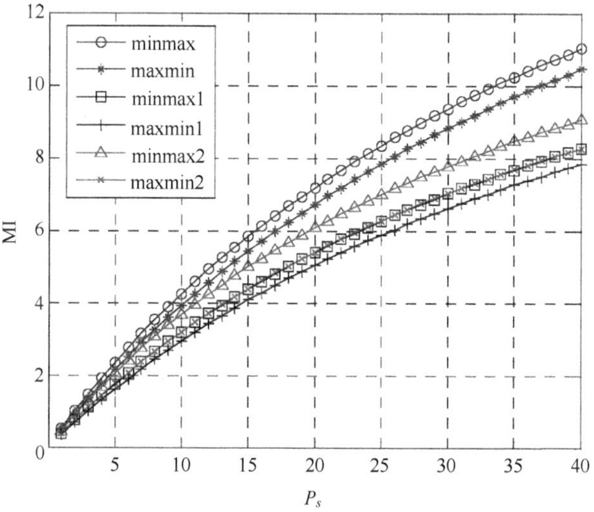

图 7.7　强杂波中互信息量（MI）随 P_s 变化情况

图 7.8 反映了两优化方案互信息量受仿真参数影响情况。

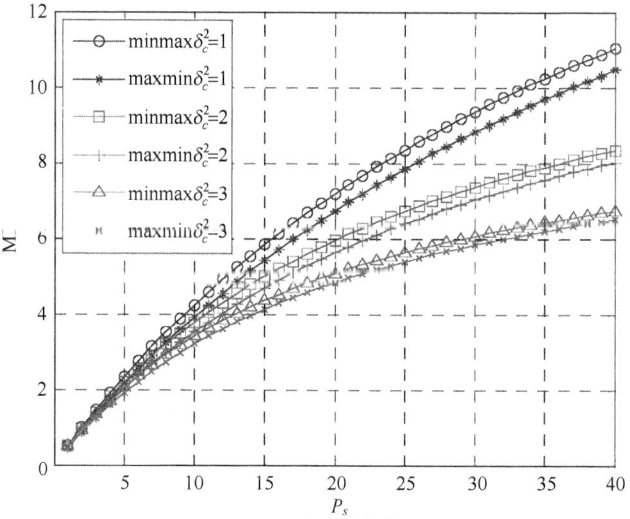

(a) 杂波谱方差

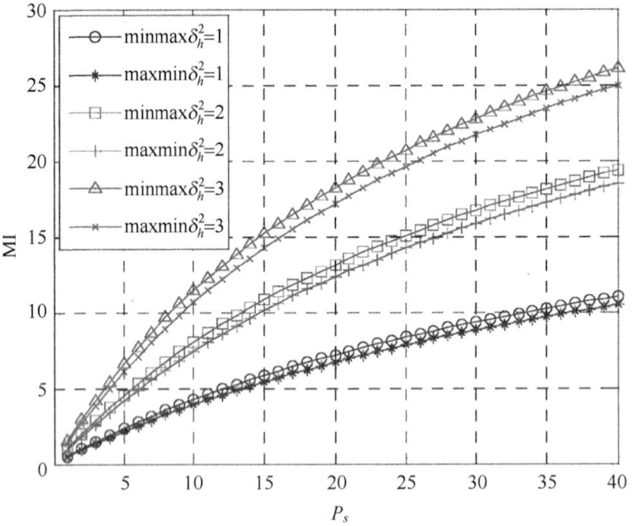

(b) 目标脉冲响应谱方差

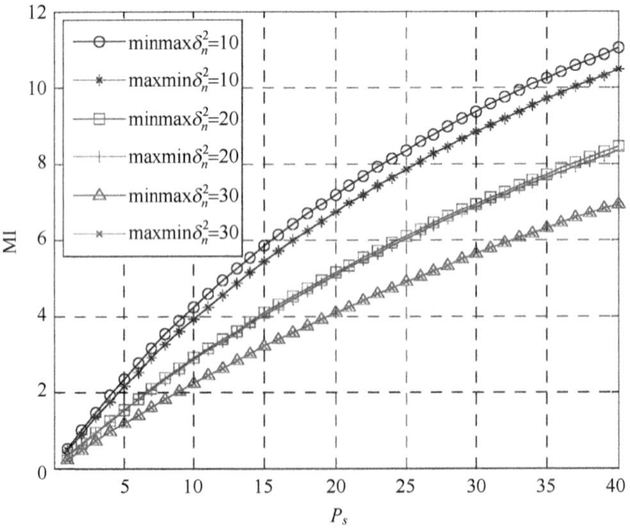

(c) 噪声谱方差

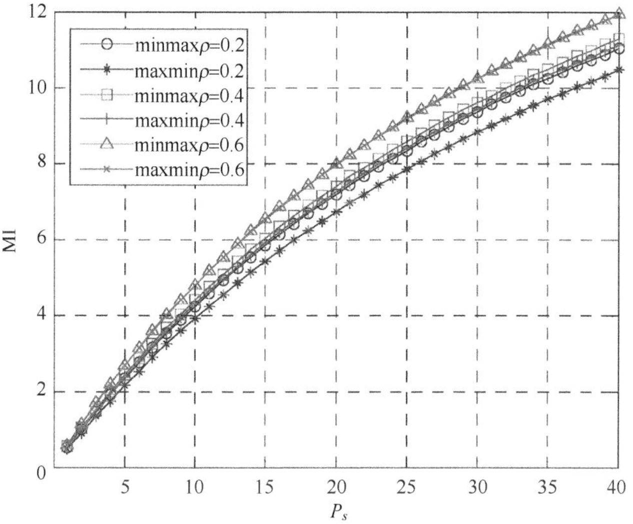

(d) 噪声滞后相关系数

图 7.8　不同仿真参数下两优化方案的
互信息量（MI）随 P_s 的变化情况

由图 7.8 可以看出：互信息量随着杂波、噪声谱方差增强而降低，且两优化方案差别随之减小；互信息量随着目标脉冲响应谱方差、噪声滞后相关系数增大而升高，两优化方案差别随目标脉冲响应谱方差增大而增大，随噪声滞后相关系数增大而减小。

7.4.3　P_s 和 P_b 均为变量时性能分析

为更直观，用三维图反映强杂波环境中两优化方案互信息量差值随雷达信号和目标干扰总功率的变化情况，如图 7.9 所示。

由图 7.9 可见，雷达信号和目标干扰总功率均较大时，两优化方案互信息量差别较大。弱杂波环境中两方案互信息量差值情况如图 7.9（d）所示，近似于文献［3］中无杂波的情况，可看出强弱杂波环境中结果并不一致，说明了本章所提算法的必要性。

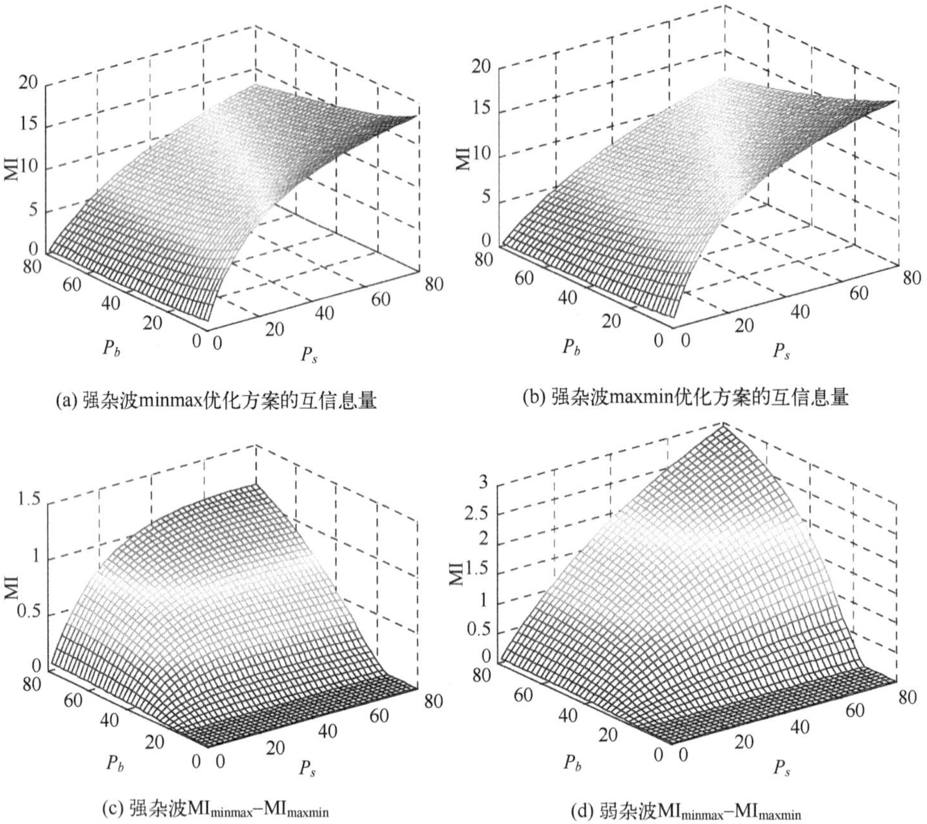

(a) 强杂波minmax优化方案的互信息量

(b) 强杂波maxmin优化方案的互信息量

(c) 强杂波$MI_{minmax}-MI_{maxmin}$

(d) 弱杂波$MI_{minmax}-MI_{maxmin}$

图 7.9　两环境中两优化方案互信息量的差值

参考文献

[1] Tang B, Tang J, Peng Y. MIMO Radar Waveform Design in Colored Noise Based on Information Theory [J]. IEEE Transactions on Signal Processing, 2010, 58 (9): 4684-4697.

[2] Chen Y, Nijsure Y, Yuen C, et al. Adaptive Distributed MIMO Radar Waveform Optimization Based on Mutual Information [J]. IEEE Transactions on Aerospace and Electronic Systems, 2013, 49 (2): 1374-1385.

[3] Song X, Willett P, Zhou S, et al. The MIMO Radar and Jammer Games [J]. IEEE Transactions on Signal Processing, 2012, 60 (2): 687-699.

[4] Basar T, Olsder G J. Dynamic Noncooperative Game Theory [M]. 2nd ed. Philadelphia, PA: SIAM, 1999.

[5] Yang Y, Blum R S. MIMO radar waveform design based on mutual information and minimum

mean-square error estimation [J]. IEEE Transactions on Aerospace and Electronic System, 2007, 43 (1): 330-343.

[6] Cover T M, Gamal A E. An information-theoretic proof of Hadamard's inequality [J]. IEEE Transactions on Information Theory, 1983, 29 (6): 930-931.

[7] 纠博，刘宏伟，李丽亚，等. 一种基于互信息的波形优化设计方法 [J]. 西安电子科技大学学报, 2008, 35 (4): 678-684.

[8] Sion M. On general minimax theorems [J]. Pacific Journal of Mathematics, 1958, 8 (1): 171-176.

第 8 章 Stackelberg 博弈条件下基于 MMSE 准则的 MIMO 雷达波形优化设计

实际上，优化后的 MIMO 雷达发射波形矩阵，不仅和各天线上功率分配的大小（对角阵元素排列）有关，也和目标与噪声的向量匹配顺序有关。本章以第 4 章杂波背景中认知 MIMO 雷达与目标 Stackelberg 博弈的功率优化分配为基础，研究更适合于 Stackelberg 均衡的发射波形矩阵中向量匹配顺序，有助于认知 MIMO 雷达自适应调整优化策略，即通过匹配设计奇异矢量以优化发射波形矩阵。

本章主要针对杂波背景 MIMO 雷达与目标博弈时最优发射波形矩阵中向量匹配顺序问题展开研究。首先从 MMSE 估计角度得到两种向量匹配顺序下雷达最优波形；然后基于 Stackelberg 均衡模型，用注水法分配目标干扰功率，用通用注水法分配雷达信号功率，即结合新的两步注水算法，最终得到了两种不同向量匹配顺序下博弈方案的优化均衡解；最后仿真比较了杂波背景两种向量匹配顺序方法在目标先行主导的 maxmin 均衡解和雷达先行主导的 minmax 均衡解的性能优劣，结果表明第二匹配顺序更为适用。

8.1 MIMO 雷达信号时空编码模型

认知 MIMO 雷达有 n_t 个发射天线，n_r 个接收天线，天线发射信号长度为 K，在雷达信号接收端对雷达回波处理后，信号等价模型为

$$\boldsymbol{Y}=\boldsymbol{SH}+\boldsymbol{SC}+\boldsymbol{U}+\boldsymbol{J} \tag{8-1}$$

式中：$\boldsymbol{S}=[s_1,s_2,\cdots,s_{n_t}]_{K\times n_t}$ 为发射波形矩阵；$\boldsymbol{h}_i=[h_{i,1},h_{i,2},\cdots,h_{i,n_t}]^{\mathrm{T}}_{n_t\times 1}$ 为路径增益矢量；$\boldsymbol{c}_i=[c_{i,1},c_{i,2},\cdots,c_{i,n_t}]^{\mathrm{T}}_{n_t\times 1}$ 为杂波损耗矢量。其中，$h_{i,j}$，$c_{i,j}$ 分别表示从第 i 个接收天线接收到目标反射的第 j 个发射天线发射信号 s_j 时的目标冲激响应和杂波响应。

$\boldsymbol{H}=[h_1,h_2,\cdots,h_{n_r}]_{n_t\times n_r}$ 为目标散射矩阵，$\boldsymbol{C}=[c_1,c_2,\cdots,c_{n_r}]_{n_t\times n_r}$ 为杂波矩阵，$\boldsymbol{Y}$ 为 $K\times n_r$ 维接收回波矩阵，$\boldsymbol{J}$ 为 $K\times n_r$ 维干扰矩阵，$\boldsymbol{U}$ 为 $K\times n_r$ 维色噪声矩阵。假设雷达通过对回波统计分析提取环境参数，在与环境不断交互过程

中已获取先验知识，并通过统计其特性，得知目标、杂波、干扰及噪声分别服从零均值高斯分布，且有 $\boldsymbol{H}\sim\zeta\mathrm{N}(0,\boldsymbol{R}_H)$，$\boldsymbol{C}\sim\zeta N(0,\boldsymbol{R}_C)$，$\boldsymbol{J}\sim\zeta N(0,\boldsymbol{R}_J)$，$\boldsymbol{U}\sim\zeta\mathrm{N}(0,\boldsymbol{R}_u)$。

$\boldsymbol{H}$ 和 $\boldsymbol{J}$、$\boldsymbol{C}$、$\boldsymbol{U}$ 统计独立，且均不依赖于发射信号 $\boldsymbol{S}$，雷达控制发射信号 $\boldsymbol{S}$，目标控制干扰 $\boldsymbol{J}$，以实现雷达与目标间的博弈。

8.2 基于 MMSE 估计的最优波形设计

雷达的目标估计算法的目的是恢复目标散射矩阵 $\boldsymbol{H}$[1]，线性 MMSE 估计器表达式为 $\hat{\boldsymbol{H}}_{\mathrm{MMSE}}=\boldsymbol{G}_{\mathrm{op}}\boldsymbol{Y}$，$\boldsymbol{G}_{\mathrm{op}}=\underset{\boldsymbol{G}}{\arg\min}\,\mathrm{E}\{\|\boldsymbol{H}-\boldsymbol{G}\boldsymbol{Y}\|_F^2\}$。

估计误差可表示为

$$\begin{aligned}\varepsilon&=\mathrm{E}\{\|\boldsymbol{H}-\boldsymbol{G}(\boldsymbol{S}\boldsymbol{H}+\boldsymbol{S}\boldsymbol{C}+\boldsymbol{U}+\boldsymbol{J})\|_F^2\}\\&=\mathrm{tr}\{\boldsymbol{R}_H\}-\mathrm{tr}\{\boldsymbol{G}\boldsymbol{S}\boldsymbol{R}_H\}-\mathrm{tr}\{\boldsymbol{R}_H\boldsymbol{S}^{\mathrm{H}}\boldsymbol{G}^{\mathrm{H}}\}+\\&\quad\mathrm{tr}\{\boldsymbol{G}[\boldsymbol{R}_u+\boldsymbol{R}_J+\boldsymbol{S}(\boldsymbol{R}_H+\boldsymbol{R}_C)\boldsymbol{S}^{\mathrm{H}}]\boldsymbol{G}^{\mathrm{H}}\}\end{aligned}\tag{8-2}$$

令 $\partial\varepsilon/\partial G=0$，可得 MMSE 最优估计器 $\boldsymbol{G}_{\mathrm{op}}$ 为

$$\boldsymbol{G}_{\mathrm{op}}=\boldsymbol{R}_H\boldsymbol{S}^{\mathrm{H}}[\boldsymbol{R}_u+\boldsymbol{R}_J+\boldsymbol{S}(\boldsymbol{R}_H+\boldsymbol{R}_C)\boldsymbol{S}^{\mathrm{H}}]^{-1}\tag{8-3}$$

于是，$\boldsymbol{H}$ 的 MMSE 估计可写为

$$\hat{\boldsymbol{H}}_{\mathrm{MMSE}}=\boldsymbol{R}_H\boldsymbol{S}^{\mathrm{H}}[\boldsymbol{R}_u+\boldsymbol{R}_J+\boldsymbol{S}(\boldsymbol{R}_H+\boldsymbol{R}_C)\boldsymbol{S}^{\mathrm{H}}]^{-1}\boldsymbol{Y}\tag{8-4}$$

因此，$\boldsymbol{H}$ 的最优 MMSE 估计可通过优化设计发射波形矩阵 $\boldsymbol{S}$ 得到。

该 MMSE 估计器以估计矩阵 $\boldsymbol{E}=\boldsymbol{H}-\hat{\boldsymbol{H}}_{\mathrm{MMSE}}$ 作为性能判定标准，其均值为零，协方差为 $\boldsymbol{R}_E=\mathrm{E}\{(\boldsymbol{H}-\hat{\boldsymbol{H}}_{\mathrm{MMSE}})(\boldsymbol{H}-\hat{\boldsymbol{H}}_{\mathrm{MMSE}})^{\mathrm{H}}\}$。

MMSE 估计误差可表示为

$$\varepsilon_{\mathrm{MMSE}}=\mathrm{tr}(\boldsymbol{R}_E)=\mathrm{tr}(\boldsymbol{R}_H-\boldsymbol{R}_H\boldsymbol{S}^{\mathrm{H}}[\boldsymbol{R}_u+\boldsymbol{R}_J+\boldsymbol{S}(\boldsymbol{R}_H+\boldsymbol{R}_C)\boldsymbol{S}^{\mathrm{H}}]^{-1}\boldsymbol{S}\boldsymbol{R}_H)\tag{8-5}$$

令 $\boldsymbol{R}_{uJ}=\boldsymbol{R}_u+\boldsymbol{R}_J$，$\boldsymbol{R}_{HC}=\boldsymbol{R}_H+\boldsymbol{R}_C=\boldsymbol{V}_{HC}\boldsymbol{V}_{HC}^{\mathrm{H}}$，有

$$\begin{aligned}\varepsilon_{\mathrm{MMSE}}&=\mathrm{tr}(\boldsymbol{R}_H-\boldsymbol{R}_H\boldsymbol{S}^{\mathrm{H}}[\boldsymbol{R}_{uJ}+\boldsymbol{S}(\boldsymbol{R}_{HC})\boldsymbol{S}^{\mathrm{H}}]^{-1}\boldsymbol{S}\boldsymbol{R}_H)\\&=\mathrm{tr}\{[\boldsymbol{R}_H^{-1}\boldsymbol{R}_{HC}\boldsymbol{S}^{\mathrm{H}}\boldsymbol{R}_{uJ}^{-1}\boldsymbol{S}(\boldsymbol{R}_H^{-1}\boldsymbol{R}_{HC})^{\mathrm{H}}+\boldsymbol{R}_H^{-1}\boldsymbol{R}_{HC}\boldsymbol{R}_H^{-1}]^{-1}\}\end{aligned}\tag{8-6}$$

式（8-6）在推导 $\varepsilon_{\mathrm{MMSE}}$ 过程中运用了矩阵求逆引理和其他一些矩阵变换，发射信号总功率 P_s 一定时，基于最小 MMSE 估计的波形优化问题可表示为

$$\begin{aligned}&\min_{S}\mathrm{tr}\{[\boldsymbol{R}_H^{-1}\boldsymbol{R}_{HC}\boldsymbol{S}^{\mathrm{H}}\boldsymbol{R}_{uJ}^{-1}\boldsymbol{S}(\boldsymbol{R}_H^{-1}\boldsymbol{R}_{HC})^{\mathrm{H}}+\boldsymbol{R}_H^{-1}\boldsymbol{R}_{HC}\boldsymbol{R}_H^{-1}]^{-1}\}\\&\mathrm{s.\,t.}\ \mathrm{tr}(\boldsymbol{S}\boldsymbol{S}^{\mathrm{H}})\leqslant P_s\end{aligned}\tag{8-7}$$

8.2.1 第一匹配顺序条件下波形优化

对协方差矩阵 $\boldsymbol{R}_H=\boldsymbol{V}_H\boldsymbol{\Sigma}_H^{\uparrow}\boldsymbol{V}_H^{\mathrm{H}}$，$\boldsymbol{R}_C=\boldsymbol{V}_C\boldsymbol{\Sigma}_C^{\downarrow}\boldsymbol{V}_C^{\mathrm{H}}$，$\boldsymbol{R}_u=\boldsymbol{V}_u\boldsymbol{\Sigma}_u^{\uparrow}\boldsymbol{V}_u^{\mathrm{H}}$，$\boldsymbol{R}_J=\boldsymbol{V}_J\boldsymbol{\Sigma}_J^{\downarrow}\boldsymbol{V}_J^{\mathrm{H}}$，$\boldsymbol{\Sigma}_H^{\uparrow}=\mathrm{diag}\{\delta_1^h,\cdots,\delta_{n_t}^h\}$，$\boldsymbol{\Sigma}_C^{\downarrow}=\mathrm{diag}\{\delta_1^c,\cdots,\delta_{n_t}^c\}$，$\boldsymbol{\Sigma}_u^{\uparrow}=\mathrm{diag}\{\delta_1^u,\cdots,\delta_K^u\}$，$\boldsymbol{\Sigma}_J^{\downarrow}=\mathrm{diag}\{\delta_1^J,\cdots,\delta_K^J\}$进行特征值分解，各特征值满足：$\delta_1^h\leqslant\delta_2^h\leqslant\cdots\leqslant\delta_{n_t}^h$，$\delta_1^c\geqslant\delta_2^c\geqslant\cdots\geqslant\delta_{n_t}^c$，$\delta_1^u\leqslant\delta_2^u\leqslant\cdots\leqslant\delta_K^u$，$\delta_1^J\geqslant\delta_2^J\geqslant\cdots\geqslant\delta_K^J$，$\delta_1^u+\delta_1^J\leqslant\delta_2^u+\delta_2^J\leqslant\cdots\leqslant\delta_K^u+\delta_K^J$。

令 $\boldsymbol{S}_H=\boldsymbol{S}\boldsymbol{V}_H$，$\boldsymbol{V}_H=\boldsymbol{V}_C$，$\boldsymbol{V}_u=\boldsymbol{V}_J$，则式（8-6）可进一步变换为

$$\begin{aligned}
&\mathrm{tr}\{[\boldsymbol{R}_H^{-1}\boldsymbol{R}_{HC}\boldsymbol{S}^{\mathrm{H}}\boldsymbol{R}_{uJ}^{-1}\boldsymbol{S}(\boldsymbol{R}_H^{-1}\boldsymbol{R}_{HC})^{\mathrm{H}}+\boldsymbol{R}_H^{-1}\boldsymbol{R}_{HC}\boldsymbol{R}_H^{-1}]^{-1}\}\\
&=\mathrm{tr}\{[\boldsymbol{V}_H^{\mathrm{H}}\boldsymbol{R}_H^{-1}\boldsymbol{R}_{HC}\boldsymbol{S}^{\mathrm{H}}\boldsymbol{R}_{uJ}^{-1}\boldsymbol{S}(\boldsymbol{R}_H^{-1}\boldsymbol{R}_{HC})^{\mathrm{H}}\boldsymbol{V}_H+(\boldsymbol{\Sigma}_H^{\uparrow})^{-1}(\boldsymbol{\Sigma}_H^{\uparrow}+\boldsymbol{\Sigma}_C^{\downarrow})(\boldsymbol{\Sigma}_H^{\uparrow})^{-1}]^{-1}\}\\
&=\mathrm{tr}\{[(\boldsymbol{\Sigma}_H^{\uparrow})^{-1}(\boldsymbol{\Sigma}_H^{\uparrow}+\boldsymbol{\Sigma}_C^{\downarrow})\boldsymbol{S}_H^{\mathrm{H}}\boldsymbol{R}_{uJ}^{-1}\boldsymbol{S}_H((\boldsymbol{\Sigma}_H^{\uparrow})^{-1}(\boldsymbol{\Sigma}_H^{\uparrow}+\boldsymbol{\Sigma}_C^{\downarrow}))^{\mathrm{H}}+\\
&\quad(\boldsymbol{\Sigma}_H^{\uparrow})^{-1}(\boldsymbol{\Sigma}_H^{\uparrow}+\boldsymbol{\Sigma}_C^{\downarrow})(\boldsymbol{\Sigma}_H^{\uparrow})^{-1}]^{-1}\}
\end{aligned}\tag{8-8}$$

当 $\boldsymbol{A}=\boldsymbol{V}_A\boldsymbol{\Sigma}_A^{\downarrow}\boldsymbol{V}_A^{\mathrm{H}}$，$\boldsymbol{B}=\boldsymbol{V}_B\boldsymbol{\Sigma}_B^{\downarrow}\boldsymbol{V}_B^{\mathrm{H}}$时，由文献［2］引理 1 得 $\mathrm{tr}[(\boldsymbol{A}+\boldsymbol{B})^{-1}]\geqslant\sum_{i=1}^{n_t}\dfrac{1}{\alpha_i+\beta_{n_t+1-i}}$，取等号时满足 $\boldsymbol{V}_A=\boldsymbol{V}_B\boldsymbol{P}$，其中 $\boldsymbol{P}=\begin{bmatrix} & & 1\\ & \iddots & \\ 1 & & \end{bmatrix}$。显然，$\boldsymbol{R}_{uJ}=\boldsymbol{V}_u(\boldsymbol{\Sigma}_u^{\uparrow}+\boldsymbol{\Sigma}_J^{\downarrow})\boldsymbol{V}_u^{\mathrm{H}}=\boldsymbol{V}_u\boldsymbol{\Sigma}_{uJ}^{\uparrow}\boldsymbol{V}_u^{\mathrm{H}}$，$\boldsymbol{\Sigma}_{uJ}^{\uparrow}=\mathrm{diag}\{\delta_1^u+\delta_1^J,\cdots,\delta_K^u+\delta_K^J\}$，故 $\boldsymbol{R}_{uJ}^{-1}=\boldsymbol{V}_u(\boldsymbol{\Sigma}_u^{\uparrow}+\boldsymbol{\Sigma}_J^{\downarrow})^{-1}\boldsymbol{V}_u^{\mathrm{H}}=\boldsymbol{V}_u(\boldsymbol{\Sigma}_{uJ}^{\uparrow})^{-1}\boldsymbol{V}_u^{\mathrm{H}}$，$(\boldsymbol{\Sigma}_{uJ}^{\uparrow})^{-1}$对角线上元素递减，而$(\boldsymbol{\Sigma}_H^{\uparrow})^{-1}(\boldsymbol{\Sigma}_H^{\uparrow}+\boldsymbol{\Sigma}_C^{\downarrow})$对角线上元素同样递减。由文献［2］的引理 2 可知：一定存在矩阵$\bar{\boldsymbol{S}}$能满足 $\mathrm{tr}(\boldsymbol{S}_H\boldsymbol{S}_H^{\mathrm{H}})=\mathrm{tr}(\bar{\boldsymbol{S}}\bar{\boldsymbol{S}}^{\mathrm{H}})$，$\bar{\boldsymbol{S}}^{\mathrm{H}}\boldsymbol{R}_{uJ}^{-1}\bar{\boldsymbol{S}}=\alpha\boldsymbol{S}_H^{\mathrm{H}}\boldsymbol{R}_{uJ}^{-1}\boldsymbol{S}_H$，$\alpha\geqslant1$，且$\bar{\boldsymbol{S}}$可写成$\bar{\boldsymbol{S}}=\boldsymbol{V}_u[\sqrt{\boldsymbol{\Sigma}_{s1}},\boldsymbol{0}_{n_t\times(K-n_t)}]^{\mathrm{T}}$，$\boldsymbol{\Sigma}_{s1}=\mathrm{diag}\{\delta_1^s,\delta_2^s,\cdots,\delta_{n_t}^s\}$。因为 $\mathrm{tr}(\boldsymbol{A}^{-1})$是正定矩阵 $\boldsymbol{A}$ 的单调递减函数，故有

$$\begin{aligned}
&\mathrm{tr}\{[(\boldsymbol{\Sigma}_H^{\uparrow})^{-1}(\boldsymbol{\Sigma}_H^{\uparrow}+\boldsymbol{\Sigma}_C^{\downarrow})\boldsymbol{S}_H^{\mathrm{H}}\boldsymbol{R}_{uJ}^{-1}\boldsymbol{S}_H((\boldsymbol{\Sigma}_H^{\uparrow})^{-1}(\boldsymbol{\Sigma}_H^{\uparrow}+\boldsymbol{\Sigma}_C^{\downarrow}))^{\mathrm{H}}+\\
&(\boldsymbol{\Sigma}_H^{\uparrow})^{-1}(\boldsymbol{\Sigma}_H^{\uparrow}+\boldsymbol{\Sigma}_C^{\downarrow})(\boldsymbol{\Sigma}_H^{\uparrow})^{-1}]^{-1}\}\\
\geqslant&\mathrm{tr}\{[(\boldsymbol{\Sigma}_H^{\uparrow})^{-1}(\boldsymbol{\Sigma}_H^{\uparrow}+\boldsymbol{\Sigma}_C^{\downarrow})\bar{\boldsymbol{S}}^{\mathrm{H}}\boldsymbol{R}_{uJ}^{-1}\bar{\boldsymbol{S}}((\boldsymbol{\Sigma}_H^{\uparrow})^{-1}(\boldsymbol{\Sigma}_H^{\uparrow}+\boldsymbol{\Sigma}_C^{\downarrow}))^{\mathrm{H}}+\\
&(\boldsymbol{\Sigma}_H^{\uparrow})^{-1}(\boldsymbol{\Sigma}_H^{\uparrow}+\boldsymbol{\Sigma}_C^{\downarrow})(\boldsymbol{\Sigma}_H^{\uparrow})^{-1}]^{-1}\}
\end{aligned}$$

$\boldsymbol{S}_H^{\mathrm{opt}}$应具有与$\bar{\boldsymbol{S}}$相似的结构，且式（8-7）的最优解可通过解决功率分配问题得到，即

$$\begin{aligned}
&\min_{\sigma_i^s}\sum_{i=1}^{n_t}\frac{1}{\delta_i^s(\delta_i^u+\delta_i^J)^{-1}((\delta_i^h)^{-1}(\delta_i^h+\delta_i^c))^2+(\delta_{n_t+1-i}^h)^{-2}(\delta_{n_t+1-i}^h+\delta_{n_t+1-i}^c)}\\
&\mathrm{s.\,t.}\ \sum_{i=1}^{n_t}\delta_i^s\leqslant P_s
\end{aligned}\tag{8-9}$$

通过拉格朗日乘子法得到优化解[3]，即

$$\delta_i^s=\left[-\frac{b_{n_t+1-i}}{a_i}+(\lambda_1 a_i)^{-\frac{1}{2}}\right]^+ \tag{8-10}$$

式中：λ_1 由 $\sum_{i=1}^{n_t}\left[-\frac{b_{n_t+1-i}}{a_i}+(\lambda_1 a_i)^{-\frac{1}{2}}\right]^+=P_s$ 确定，其中 $a_i=(\delta_i^u+\delta_i^J)^{-1}((\delta_i^h)^{-1}(\delta_i^h+\delta_i^c))^2$，$b_{n_t+1-i}=(\delta_{n_t+1-i}^h)^{-2}(\delta_{n_t+1-i}^h+\delta_{n_t+1-i}^c)$。

于是，$\boldsymbol{S}_H^{\text{opt1}}=\boldsymbol{V}_u[\sqrt{\boldsymbol{\Sigma}_{s1}},\boldsymbol{0}_{n_t\times(K-n_t)}]^{\text{T}}$，故第一匹配顺序条件下的发射波形矩阵为

$$\boldsymbol{S}^{\text{opt1}}=\boldsymbol{V}_u[\sqrt{\boldsymbol{\Sigma}_{s1}},\boldsymbol{0}_{n_t\times(K-n_t)}]^{\text{T}}\boldsymbol{V}_H^{\text{H}} \tag{8-11}$$

$$\boldsymbol{\Sigma}_{s1}=\text{diag}\{\delta_1^s,\delta_2^s,\cdots,\delta_{n_t}^s\}$$

式中：δ_i^s 由式（8-10）确定。

8.2.2　第二匹配顺序条件下波形优化

若 $\boldsymbol{R}_u$ 的特征值分解为 $\boldsymbol{R}_u=\boldsymbol{V}_u\boldsymbol{P}\boldsymbol{\Sigma}_u^{\downarrow}\boldsymbol{P}^{\text{H}}\boldsymbol{V}_u^{\text{H}}$，$\boldsymbol{R}_J=\boldsymbol{V}_J\boldsymbol{P}\boldsymbol{\Sigma}_J^{\uparrow}\boldsymbol{P}^{\text{H}}\boldsymbol{V}_J^{\text{H}}$，其中 $\boldsymbol{\Sigma}_u^{\downarrow}=\text{diag}\{\delta_K^u,\cdots,\delta_1^u\}$，$\delta_K^u\geqslant\cdots\geqslant\delta_2^u\geqslant\delta_1^u$，$\boldsymbol{\Sigma}_J^{\uparrow}=\text{diag}\{\delta_K^J,\cdots,\delta_1^J\}$，$\delta_K^J\leqslant\cdots\leqslant\delta_2^J\leqslant\delta_1^J$，则此时目标响应与噪声的向量匹配顺序发生变化，第二匹配顺序条件下的发射波形矩阵为

$$\boldsymbol{S}^{\text{opt2}}=\boldsymbol{V}_u\boldsymbol{P}[\sqrt{\boldsymbol{\Sigma}_{s1}},\boldsymbol{0}_{n_t\times(K-n_t)}]^{\text{T}}\boldsymbol{V}_H^{\text{H}} \tag{8-12}$$

相应目标函数为

$$\text{tr}\{[\boldsymbol{R}_H^{-1}\boldsymbol{R}_{HC}\boldsymbol{S}^{\text{H}}\boldsymbol{R}_{uJ}^{-1}\boldsymbol{S}(\boldsymbol{R}_H^{-1}\boldsymbol{R}_{HC})^{\text{H}}+\boldsymbol{R}_H^{-1}\boldsymbol{R}_{HC}\boldsymbol{R}_H^{-1}]^{-1}\}=$$
$$\sum_{i=1}^{n_t}\frac{1}{\delta_i^s(\delta_{K+1-i}^u+\delta_{K+1-i}^J)^{-1}((\delta_i^h)^{-1}(\delta_i^h+\delta_i^c))^2+(\delta_{n_t+1-i}^h)^{-2}(\delta_{n_t+1-i}^h+\delta_{n_t+1-i}^c)} \tag{8-13}$$

最优解为

$$\sigma_i^s=\left[-\frac{b_{n_t+1-i}}{a_i^*}+(\lambda_2 a_i^*)^{-\frac{1}{2}}\right]^+ \tag{8-14}$$

式中：λ_2 由 $\sum_{i=1}^{n_t}\left[-\frac{b_{n_t+1-i}}{a_i^*}+(\lambda_2 a_i^*)^{-\frac{1}{2}}\right]^+=P_s$ 确定，其中 $a_i^*=(\delta_{K+1-i}^u+\delta_{K+1-i}^J)^{-1}((\delta_i^h)^{-1}(\delta_i^h+\delta_i^c))^2$，$b_{n_t+1-i}=(\delta_{n_t+1-i}^h)^{-2}(\delta_{n_t+1-i}^h+\delta_{n_t+1-i}^c)$。

雷达朝着智能化方向发展，拥有发射—接收—发射的认知闭环系统，在循环迭代过程中自适应发射波形，在环境感知的基础上，通过不断学习调整使雷达探测目标、参数估计、分辨率等性能最佳。对两种向量匹配顺序的抉择，同

样是雷达自主学习的过程。

8.3 基于 MMSE 的 Stackelberg 均衡解

实际电子战环境，雷达优化发射波形最小化估计误差 $\boldsymbol{H}$。同时，目标能够施放干扰对抗雷达，最大化该估计误差，即雷达与目标之间存在博弈。依据 Stackelberg 均衡模型，博弈任意一方率先行动将处于主导占优地位。

设干扰总功率为 P_b，Stackelberg 均衡中，目标干扰功率分配依据[4]为

$$\delta_k^J=(\lambda_3-\delta_k^u)^+\begin{cases}1\leqslant k\leqslant K & \text{maxmin}\\ 1\leqslant k\leqslant n_t & \text{minmax}\end{cases} \tag{8-15}$$

式中：λ_3 由 $\sum_{k=1}^{K}(\lambda_3-\delta_k^u)^+=P_b$ 确定。

8.3.1 目标先行主导的 maxmin 均衡解

目标先行，雷达知道其干扰策略后，合理分配信号功率最小化 MMSE；目标知晓其干扰功率分配方案被雷达截获但仍表现保守，为实现隐身只能通过合理分配干扰功率最大化该最小 MMSE 值以降低损失，即

$$\max_{\delta_i^J}\min_{\delta_i^s}\sum_{i=1}^{n_t}\frac{1}{\delta_i^s(\delta_i^u+\delta_i^J)^{-1}((\delta_i^h)^{-1}(\delta_i^h+\delta_i^c))^2+(\delta_{n_t+1-i}^h)^{-2}(\delta_{n_t+1-i}^h+\delta_{n_t+1-i}^c)}$$

$$\text{s.t. }\delta_i^s=\left[-\frac{b_{n_t+1-i}}{a_i}+(\lambda_1 a_i)^{-\frac{1}{2}}\right]^+,\delta_1^u+\delta_1^J\leqslant\delta_2^u+\delta_2^J\leqslant\cdots\leqslant\delta_K^u+\delta_K^J \tag{8-16}$$

$$\sum_{i=1}^{n_t}\delta_i^s=P_s,\ \sum_{i=1}^{K}\delta_i^J\leqslant P_b$$

目标先行方案是两步注水过程：①目标依据噪声分布注入干扰功率；②雷达将依据目标散射特性、杂波、噪声和干扰分配信号发射功率。得到的第一匹配顺序下的 maxmin 均衡解为

$$\begin{aligned}&\delta_k^J=(\lambda_3-\delta_k^u)^+,k=1,2,\cdots,K\\&\delta_i^s=\left[-\frac{b_{n_t+1-i}}{a_i}+(\lambda_1 a_i)^{-\frac{1}{2}}\right]^+,i=1,2,\cdots,n_t\end{aligned} \tag{8-17}$$

第二匹配顺序下的 maxmin 均衡解为

$$\begin{aligned}&\delta_k^J=(\lambda_3-\delta_k^u)^+,k=1,2,\cdots,K\\&\delta_i^s=\left[-\frac{b_{n_t+1-i}}{a_i^*}+(\lambda_2 a_i^*)^{-\frac{1}{2}}\right]^+,i=1,2,\cdots,n_t\end{aligned} \tag{8-18}$$

8.3.2 雷达先行主导的 minmax 均衡解

minmax 方案中雷达先行，目标知道雷达经典功率分配方案后，施放干扰最大化 MMSE；雷达感知其信号功率分配方案被目标获取但仍表现保守，为检测目标只能合理分配信号功率最小化该最大 MMSE 值以降低损失，即

$$\min_{\delta_i^s}\max_{\delta_i^J}\sum_{i=1}^{n_t}\frac{1}{\delta_i^s(\delta_i^u+\delta_i^J)^{-1}((\delta_i^h)^{-1}(\delta_i^h+\delta_i^c))^2+(\delta_{n_t+1-i}^h)^{-2}(\delta_{n_t+1-i}^h+\delta_{n_t+1-i}^c)}$$

$$\text{s. t.}\ \sum_{i=1}^{n_t}\delta_i^s\leqslant P_s,\ \sum_{i=1}^{n_t}\delta_i^J\leqslant P_b \tag{8-19}$$

为便于雷达在两优化策略间做出抉择，需分析不同优化策略下雷达先行的 minmax 均衡解。由文献［3］和文献［4］可知，minmax 方案可等效为两步注水，第一匹配顺序下的 minmax 均衡解为

$$\begin{cases}\delta_k^J=0,k=n_t+1,n_t+2,\cdots,K\\ \delta_k^J=(\lambda_3-\delta_k^u)^+,k=1,2,\cdots,n_t\\ \delta_i^s=\left[-\dfrac{b_{n_t+1-i}}{a_i}+(\lambda_1 a_i)^{-\frac{1}{2}}\right]^+,i=1,2,\cdots,n_t\end{cases} \tag{8-20}$$

第二匹配顺序下的 minmax 均衡解为

$$\begin{cases}\delta_k^J=0,k=n_t+1,n_t+2,\cdots,K\\ \delta_k^J=(\lambda_3-\delta_k^u)^+,k=1,2,\cdots,n_t\\ \delta_i^s=\left[-\dfrac{b_{n_t+1-i}}{a_i^*}+(\lambda_2 a_i^*)^{-\frac{1}{2}}\right]^+,i=1,2,\cdots,n_t\end{cases} \tag{8-21}$$

8.4 仿真验证及性能分析

仿真中，发射天线数目 $n_t=4$，接收天线数目 $n_r=6$，发射信号长度 $K=6$，色噪声 $\boldsymbol{R}_u$特征值为$\{0.5,2,3,3,4,6\}$。目标脉冲响应 $\boldsymbol{R}_H$和杂波 $\boldsymbol{R}_C$的特征值分别为$\{1,2,5,7\}$和$\{6,4,3,1\}$，如图 8.1 所示。

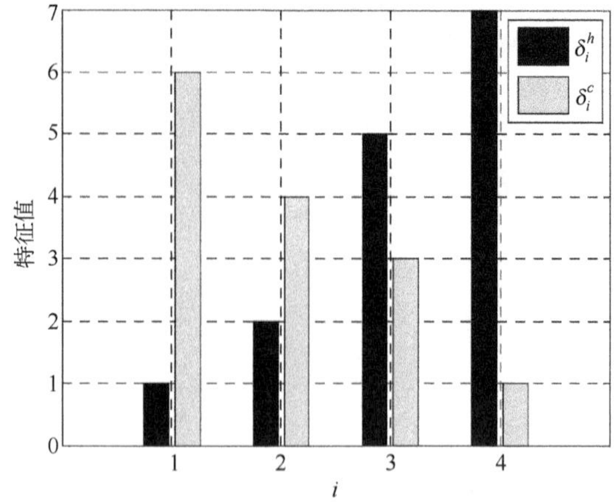

图 8.1　目标响应及杂波分布

8.4.1　目标主导博弈方案分析

设定雷达信号总功率为固定值（$P_s = 30$dBW）。采用不同优化策略时，干扰特征值分布如图 8.2 所示，它是依据噪声子空间情况注水分配干扰功率的，并不受杂波影响。

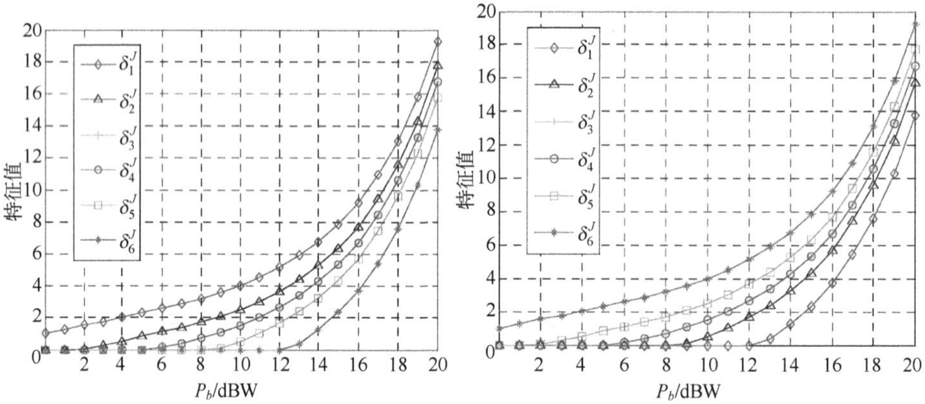

(a) 第一匹配顺序　　(b) 第二匹配顺序

图 8.2　不同向量匹配顺序下干扰功率（特征值）的分配情况

图 8.2 表明第一步注水分配干扰功率，越小的 δ_k^u 值对应越大的 δ_k^J 值。从图 8.2（a）可看出，当 P_b 较小时只有 δ_1^J 不为零，这是因为噪声子空间中 δ_1^u 最小。然而当干扰功率 P_b 增大到 2，5，5，8，12dBW 时，δ_2^J、δ_3^J、δ_4^J、δ_5^J、δ_6^J 相继不再为零，即其他各子空间先后开始分配功率。干扰功率继续增大，各子空间

功率差别逐渐减小，但仍是噪声子空间越弱，对应干扰子空间分配功率越大。对比图 8.2（a）和图 8.2（b）可知，向量匹配顺序并未影响干扰功率的分配大小，但影响了与目标响应特征值的匹配顺序，于是干扰子空间功率大小顺序发生了改变。

认知 MIMO 雷达信号各天线最优功率分配随干扰总功率变化规律如图 8.3 所示。因 δ_i^u,δ_i^J与 δ_i^h,δ_i^c的匹配顺序发生变化，影响了认知 MIMO 雷达信号各天线功率分配，进而对 Stackelberg 均衡中 MMSE 估计值产生影响。

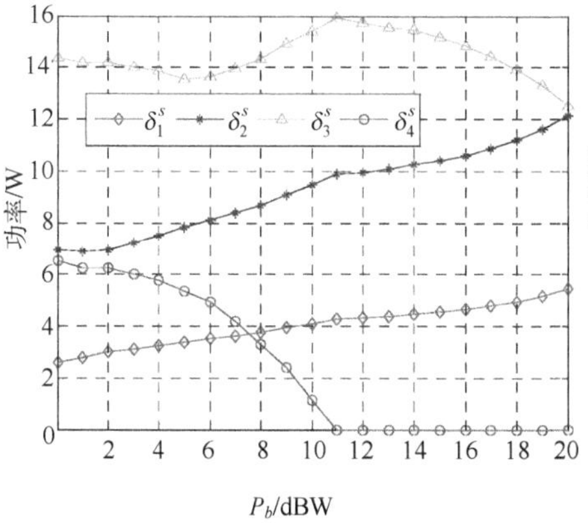

(a) 第一匹配顺序

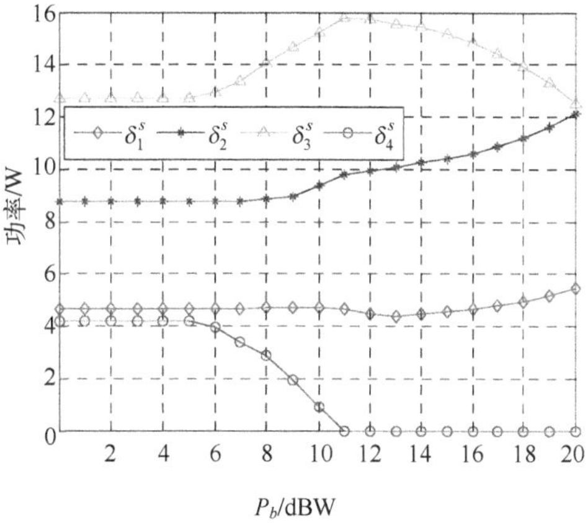

(b) 第二匹配顺序

图 8.3　雷达信号各天线最优功率分配随干扰总功率变化规律

不同向量匹配顺序下 maxmin 博弈方案中的 MMSE 值随干扰总功率 P_b的变化情况如图 8.4 所示。MMSE 的值随干扰总功率的增加而增加，且从图 8.4 可看出，当 $P_b \geqslant 12$dBW 时两种向量匹配顺序是等价的，但当 $P_b<12$dBW 时，$\boldsymbol{H}$的 MMSE 估计值在第二匹配顺序下更高而更具优势，对于目标躲避检测来说更有利。同时，干扰总功率越低，第二匹配顺序对于目标在 maxmin 博弈方案中的优势就越明显。

8.4.2　雷达主导博弈方案分析

设定目标干扰总功率为固定值（$P_b=30$dBW），以比较两向量匹配顺序的优劣，分别从噪声干扰匹配情况和最优功率分配比较两者差异，如图 8.5 和图 8.6 所示。

图 8.5 为采取不同向量匹配顺序时雷达先行的 minmax 博弈方案中噪声及干扰分布。从图 8.5 可看出，干扰子空间分配功率时，始终有两子空间功率为

零，是因为 minmax 博弈方案中雷达先行，目标感知到雷达信号的功率分配，因此不会将干扰功率分配给雷达信号较弱的子空间（强噪声子空间）。对比图 8.5（a）和图 8.5（b）发现，两种向量匹配顺序中噪声干扰分布与目标响应特征值匹配的顺序恰好相反。

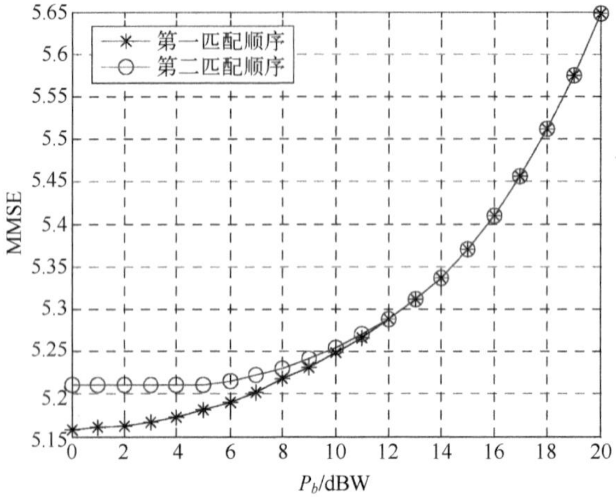

图 8.4　不同向量匹配顺序下 maxmin 博弈方案中 MMSE 估计值随干扰总功率 P_b 的变化情况

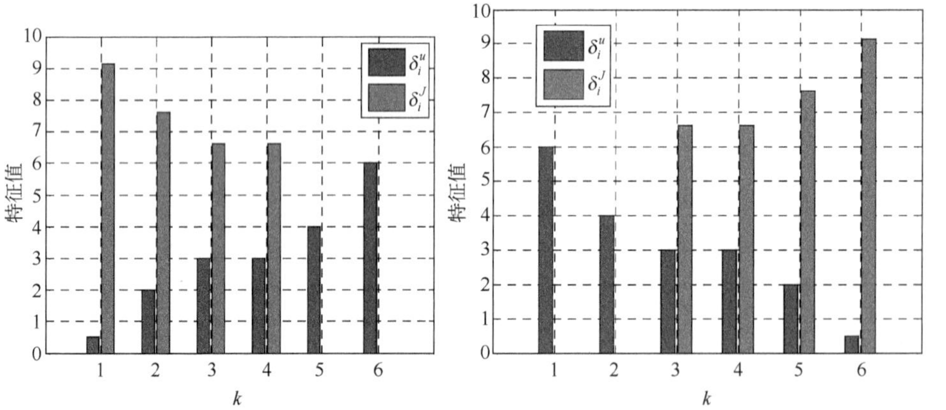

(a) 第一匹配顺序　　(b) 第二匹配顺序

图 8.5　不同向量匹配顺序下噪声及干扰分布

图 8.6 为不同向量匹配顺序下雷达先行主导的 minmax 博弈方案中最优功率分配。对比图 8.6（a）和图 8.6（b）可知，$P_s = 10$dBW 时，第一匹配顺序下 δ_2^s 分配最多功率，第二匹配顺序下 δ_3^s 分配最多功率，进一步验证了图 8.3 所

示不同向量匹配顺序下天线功率分配方案的不同。

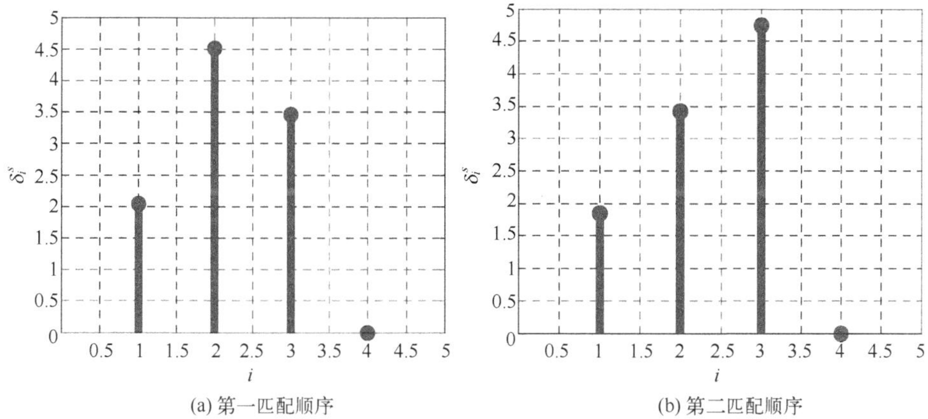

图 8.6　不同向量匹配顺序下最优功率分配（$P_s=10\text{dBW}$）

两向量匹配顺序下优化后，雷达波形的 $\boldsymbol{H}$ 的 MMSE 估计值随信号总功率变化曲线如图 8.7 所示。

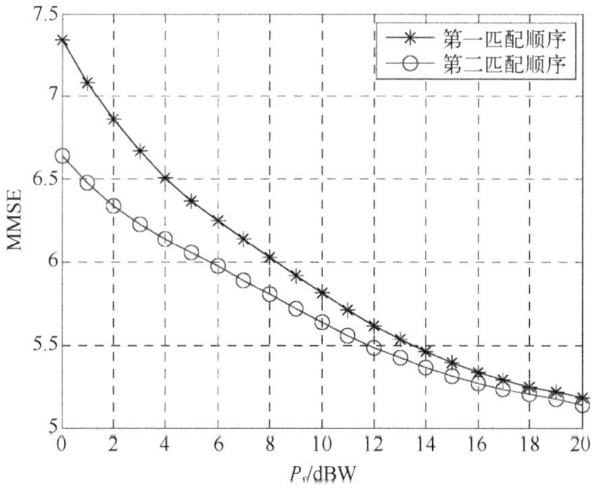

图 8.7　minmax 方案中两种向量匹配顺序下的 MMSE 估计值随信号总功率变化曲线

由图 8.7 可见，MMSE 估计值随信号总功率增加而降低。与第一匹配顺序相比，采用第二匹配顺序得到雷达波形的 $\boldsymbol{H}$ 的 MMSE 估计值有所下降，更利于雷达获取目标信息以在博弈中获胜。同时由图 8.7 可看出，信号总功率越小，第二匹配顺序的优势越明显。

8.4.3 两博弈方案的 MMSE 差值分析

为更直观，用三维图反映不同向量匹配顺序下两博弈方案 MMSE 差值随雷达信号和目标干扰总功率的变化情况。如图 8.8 和图 8.9 所示，信号总功率越小而干扰总功率越大时，两博弈方案的 MMSE 差值均越大。

如图 8.8 所示，在第一匹配顺序下，minmax 博弈方案中的 MMSE 值高于 maxmin 博弈方案中的 MMSE 值。图 8.9 中的结果则恰好相反，第二匹配顺序使得 minmax 博弈方案中的 MMSE 值低于 maxmin 博弈方案中的 MMSE 值。minmax 博弈方案中雷达作为先行主导者希望更小的 MMSE 以获取更精确的目标信息，而 maxmin 博弈方案中目标作为先行领导者希望更大的 MMSE 以躲避雷达的检测识别，因此第二匹配顺序更适用于分析认知 MIMO 雷达与目标间的 Stackelberg 博弈。

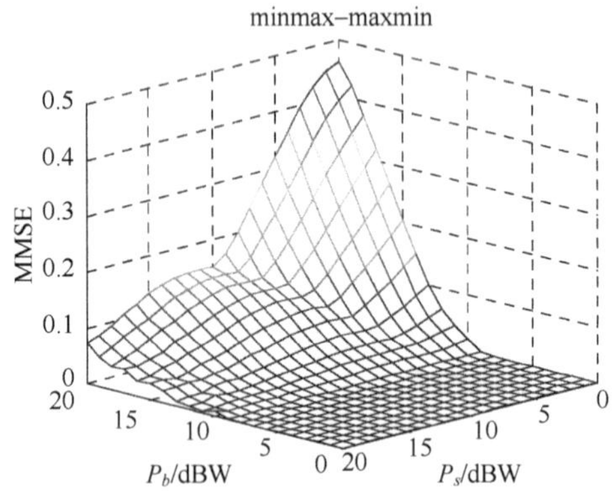

图 8.8 第一匹配顺序两博弈方案 MMSE 差值

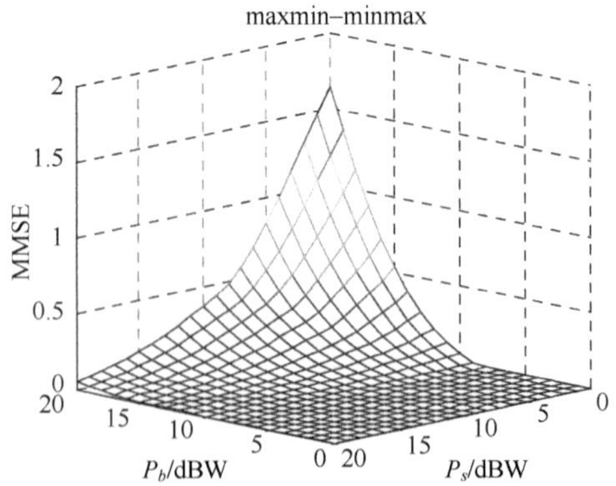

图 8.9 第二匹配顺序两博弈方案 MMSE 差值

参 考 文 献

[1] Naghibi T, Behnia F. MIMO radar waveform design in the presence of clutter [J]. IEEE Transactions on Aerospace and Electronic Systems, 2011, 47 (2): 770-781.

[2] Tang B, Tang J, Peng Y. Waveform Optimization for MIMO Radar in Colored Noise: Further Results for Estimation-Oriented Criteria [J]. IEEE Transactions on Signal Processing, 2012, 60 (3): 1517-1522.

[3] 纠博，刘宏伟，李丽亚，等．一种基于互信息的波形优化设计方法 [J]. 西安电子科技大学学报，2008，35 (4): 678-684.

[4] Song X, Willett P, Zhou S, et al. The MIMO Radar and Jammer Games [J]. IEEE Transactions on Signal Processing, 2012, 60 (2): 687-699.

第 9 章 基于强化学习的雷达波形优化设计

第 3 章至第 8 章主要基于传统博弈理论中的完全信息和不完全信息博弈模型，预测干扰信号，设计雷达波形，提升雷达对目标的检测和识别性能。但实际对抗场景中，需要考虑雷达发射信号子频段位置、子频段宽度、子频段内功率幅度，干扰信号频率、频段及能量分布，以及杂波在不同频段的能量分布等因素，导致可选择的博弈策略数目巨大，因此，基于传统博弈模型设计雷达波形的方法面临着人工博弈模型选择、参数更新和策略选择等大量工作，对操作人员的运算能力和知识水平提出了很高要求。同时，使用传统博弈模型的方法要求对方按照拟定的博弈模型做出改变，但对方是否使用指定的博弈模型，则无法预测，也无法得到确认。因此，建立不受博弈模型限制、可自动调整波形不断提升对抗能力的雷达机制，才能真正实现博弈智能化。

强化学习[1]模型具备环境交互感知能力，使得具有智能性（具有预测干扰和自动化设计波形能力）的新体制雷达成为可能。因此，可以借鉴认知雷达思想，研究复杂对抗环境中基于强化学习算法的雷达波形设计技术，为提高未来电子战环境中雷达的可靠性和有效性提供理论依据。

本章主要从强化学习的角度研究博弈条件下机载雷达波形设计方法。通过分析雷达与干扰间动态对抗的电磁环境，基于目标响应、干扰信号和机载雷达发射波形的频谱特征，引入强化学习思想，基于马尔可夫决策过程建立雷达与干扰间的博弈模型；依据雷达 SJNR 设置奖励函数，基于策略迭代算法实现雷达频域最优抗干扰波形策略；基于迭代变换法合成最优策略的恒模时域信号，有效提升雷达抗干扰性能。

9.1 干扰环境中的雷达信号建模

复杂电磁环境中，要建立雷达和目标的博弈模型，需要考虑雷达发射信号、目标回波、环境噪声和干扰信号的等参与博弈的因素。图 9.1 为机载雷达探测场景示意图。

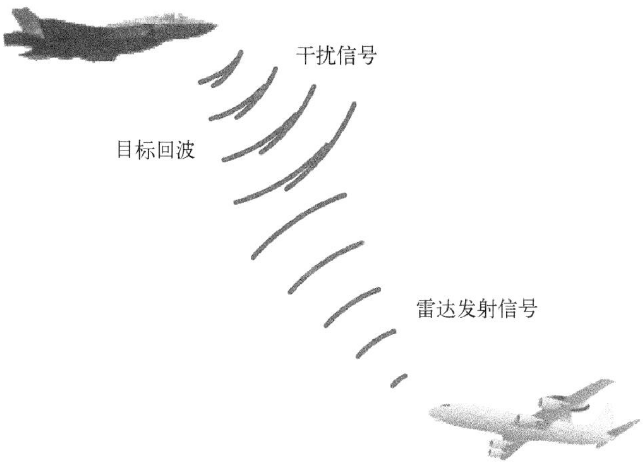

图 9.1 机载雷达探测场景示意图

9.1.1 干扰环境中的机载雷达信号模型

假设雷达发射信号为 $s(t)$、接收信号为 $y(t)$，信号带宽和功率为 W 与 P_s。目标脉冲响应 $h(t)$ 为时间 T_h 有限的随机模型，$r(t)$ 为接收滤波器脉冲响应，$H(f)$ 与 $R(f)$ 分别为 $h(t)$ 与 $r(t)$ 的傅里叶变换。不考虑杂波，噪声 $n(t)$ 为零均值高斯分布，功率谱密度为 $S_{nn}(f)$，W 内不为零。每个脉冲发射前截获的主瓣压制干扰信号为 $j(t)$，总功率为 P_J，功率谱密度为 $J(f)$[2]，如图 9.2 所示。

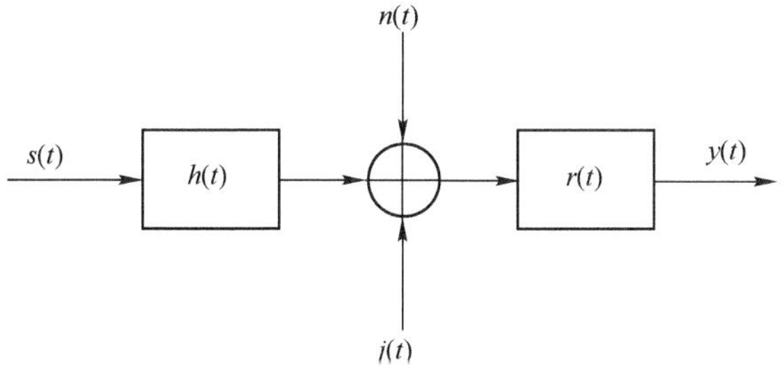

图 9.2 信号模型

由图 9.2 可知，雷达接收端滤波器输出端信号 $y(t)$ 表达式为[2]

$$y(t)=r(t)*(s(t)*h(t)+n(t)+j(t)) \tag{9-1}$$

式中：* 为卷积运算符。

雷达信号分量 $y_s(t)$ 为

$$y_s(t)=r(t)*(s(t)*h(t)) \tag{9-2}$$

干扰和噪声分量 $y_j(t)$ 为

$$y_j(t)=r(t)*(n(t)+j(t)) \tag{9-3}$$

9.1.2 雷达信号性能指标

在 t_0时刻，SJNR 的频域表达式为

$$(\mathrm{SJNR})_{t_0}=\frac{|y_s(t_0)|^2}{E(|y_j(t_0)|^2)}=\frac{\left|\int_{-\infty}^{+\infty}R(f)H(f)S(f)\mathrm{e}^{\mathrm{j}2\pi f t_0}\mathrm{d}f\right|^2}{\int_{-\infty}^{+\infty}|R(f)|^2(J(f)+S_{nn}(f))\mathrm{d}f} \tag{9-4}$$

$h(t)$为时间有限随机模型，因此功率谱密度可用能量谱方差（Energy Spectrum Variance，ESV）替代[3]，即

$$\sigma_h^2(f)=E(|H(f)-\mu_h(f)|^2) \tag{9-5}$$

假设 $H(f)$均值 $\mu_h(f)$为 0，将式（9-5）代入式（9-4），利用施瓦茨不等式求解可得

$$(\mathrm{SJNR})_{t_0}\leqslant\frac{\int_{-\infty}^{+\infty}|R(f)|^2(J(f)+S_{nn}(f))\mathrm{d}f\int_{-\infty}^{+\infty}\frac{\sigma_h^2(f)|S(f)|^2}{J(f)+S_{nn}(f)}\mathrm{d}f}{\int_{-\infty}^{+\infty}|R(f)|^2(J(f)+S_{nn}(f))\mathrm{d}f} \tag{9-6}$$

当且仅当 $R(f)=\dfrac{[k\sigma_h(f)S(f)\mathrm{e}^{\mathrm{j}2\pi t_0}]^*}{J(f)+S_{nn}(f)}$（$k$ 为任意常数），等号成立，此时 SJNR 取最大值。

假设干扰机可通过接收雷达发射信号得到其频谱特征，并可通过将干扰信号功率调整到雷达同一频带内，达到最大化的干扰效果，即

$$(\mathrm{SJNR})_{t_0}=\int_{-\infty}^{+\infty}\frac{\sigma_h^2(f)|S(f)|^2}{J(f)+S_{nn}(f)}\mathrm{d}f\simeq\frac{\Delta f}{W}\sum_{k=1}^{K}\frac{\sigma_h^2(f_k)|S(f_k)|^2}{J(f_k)+S_{nn}(f_k)} \tag{9-7}$$

式中：K 为频率采样数；Δf 为频率采样间隔，且有 $K\Delta f=W$。

将雷达目标检测定义为假设检验问题[4]，通过经典的 NP 定理求解，可得检测概率为

$$P_{\mathrm{D}}=Q(Q^{-1}(P_{\mathrm{FA}})-\sqrt{d^2}) \tag{9-8}$$

$$P_{\mathrm{FA}}=Q(\tau)=\int_{\tau}^{\infty}\frac{1}{\sqrt{2\pi}}\exp\left(-\frac{1}{2}t^2\right)\mathrm{d}t \tag{9-9}$$

式中：P_{FA}为虚警概率；τ 为检测门限；d^2为偏移系数，即 SJNR。因此通过计算 SJNR，可观察到雷达目标检测概率的变化。

9.2　基于马尔可夫决策过程的波形设计方法

基于认知雷达思想，通过雷达与周围电磁环境交互，将雷达波形设计问题转化为强化学习问题，可使用马尔可夫决策过程描述雷达利用电磁空间中的干扰信号、环境杂波和被探测的目标特征等先验信息，不断优化设计发射波形，提升雷达对目标探测性能。

9.2.1　基于马尔可夫决策过程的波形设计流程

雷达对抗过程中，波形变化具有马尔可夫性，因此可将雷达对抗环境建模为 MDP 模型，通过雷达与环境噪声、杂波和干扰信号等环境信息交互，实现机载雷达抗干扰波形设计。图 9.3 为基于 MDP 的雷达对抗过程，S_i为当前状态，R_i为当前状态的奖励，图中数字描述的是状态转移概率。

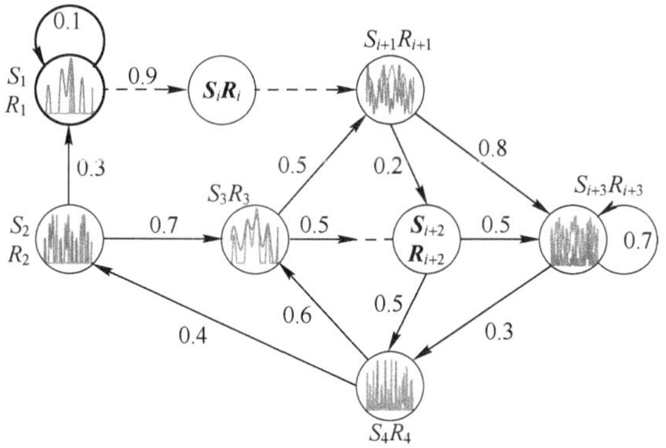

图 9.3　基于 MDP 的雷达对抗过程

9.2.2　基于 MDP 的对抗环境建模

9.2.2.1　雷达动作、状态和奖励设计

建立模型时，可使用 M 位 N 进制数表示雷达信号 $s(t)$ 和干扰信号 $j(t)$ 的频域能量分布状态，信号频域划分为 M 个子频带，子频带功率等分为$(N-1)$份，因此状态和动作空间大小（除 0 以外）均为(N^M-1)。

状态空间 $\boldsymbol{S}$ 定义为

$$\boldsymbol{S}=(s_1,s_2,\cdots,s_t,\cdots,s_{N^M}) \tag{9-10}$$

式中：下标 N^M表示状态 s 的个数。$\alpha_i\in(0,1,\cdots,N-1),i\in(1,2,\cdots,M)$表示状态 s_t的子频带 i 的信号功率分配大小，则 s_t可表示为

$$s_t=(\alpha_1,\alpha_2,\cdots,\alpha_M) \tag{9-11}$$

同理，动作空间 $\boldsymbol{A}$ 定义为

$$\boldsymbol{A}=(a_1,a_2,\cdots,a_t,\cdots,a_{N^M}) \tag{9-12}$$

式中：下标 N^M 表示动作 a 的个数。$\beta_i\in(0,1,\cdots,N-1),i\in(1,2,\cdots,M)$ 表示采取动作 a_t 的子频带 i 的信号功率分配大小，其 a_t 表示为

$$a_t=(\beta_1,\beta_2,\cdots,\beta_M) \tag{9-13}$$

奖励结构是影响智能体选择策略时的重要影响因素，奖励结构的设置不同，智能体的决策倾向性就不同。雷达接收机 SJNR 与雷达探测性能密切相关，因此特将 SJNR 设置为奖励函数，如表 9.1 所列。

表 9.1　奖励函数结构

SJNR/dB	<0	0~10	10~20	20~30	30~40	>40
Reward	-20	0	5	10	15	20

9.2.2.2　对抗模型关键参数设置

强化学习模型的关键参数设置如表 9.2 所列。设 $M=7$，$N=6$，即机载雷达与干扰机 MDP 博弈模型使用 7 位 6 进制数表征雷达信号 $s(t)$ 和干扰信号 $j(t)$ 的频域能量分布状态，信号频域划分为 7 个子频带，子频带功率分为 5 等份。在先验状态转移概率信息未知的情况下，假设状态转移概率 $P(s,a,s')$ 为 $\dfrac{1}{(N^M-1)^3}$，则在某一状态 s 下，动作 a 选取的概率 $P(s,a)$ 为 $1/(N^M-1)$，折扣因子 $\gamma=0.9$。

表 9.2　强化学习模型参数设置

马尔可夫决策模型	参数设置
状态空间	S={7 位 6 进制数}
动作空间	A={7 位 6 进制数}
状态转移概率	$P(s,a)=1/(6^7-1)$
γ	0.9

9.3　基于策略迭代法的最优策略设计

利用马尔可夫决策过程对博弈环境建模后，即可采用策略迭代法寻找雷

达抗干扰的最优策略。策略 π 可理解为在某一状态 s 下选择某一动作 a 的概率。

9.3.1　策略迭代算法原理

强化学习算法最基本的思路就是利用动作奖励，不断改善智能体策略。策略迭代算法原理如下：评估当前策略，在值函数收敛后改善策略，即计算策略 π 下的值函数，利用值函数改善策略 π，最终获得累计回报最大的策略，即最优策略 π'。可见，强化学习的基本算法是交叉迭代进行策略评估和策略改善，如图 9.4 所示。

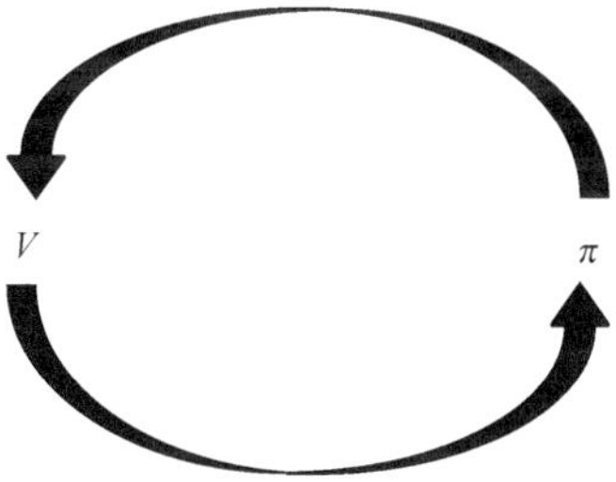

图 9.4　策略迭代示意图

9.3.1.1　策略评估

根据已知策略 π，确定环境状态 s 时雷达采取动作 a 的概率 $\pi(a|s)$，即

$$\pi(a|s)=p[A_t=a|S_t=s] \tag{9-14}$$

每种策略 π 均可产生无数条马尔可夫链。将折扣因子 γ 和动作回报值 R 代入式（9-14），计算策略 π 的累计回报 G，即

$$G=R_{t+1}+\gamma R_{t+2}+\gamma^2 R_{t+3}=\sum_{k=0}^{\infty}\gamma^k R_{t+k+1} \tag{9-15}$$

策略评估的主要目的是计算状态价值函数 v_π，通过式（9-16）在策略 π 条件下，计算环境状态 s 的状态价值函数，其伪代码如表 9.3 所列。

$$v(s)=E_\pi\left[\sum_{k=0}^{\infty}\gamma^k R_{t+k+1}|S_t=s\right]=E_\pi[R_{t+1}+\gamma v(S_{t+1})|S_t=s] \tag{9-16}$$

通过迭代策略评估算法求解状态价值函数，即

$$v_{k+1}(s)=\sum_a \pi(a|s)\sum_{s'}[P(s'|s,a)(R(s,a,s')+\gamma v_\pi(s'))] \tag{9-17}$$

表 9.3　策略评估算法的伪代码

算法 1：策略评估算法
Step1　输入需要评估的策略 π，状态转移概率 $P_{ss'}^a$，回报函数 R_s^a，折扣因子 γ。
Step2　初始化值函数 $V(s)=0$。
Step3　Repeat $k=0,1,\cdots$
For every s do:
$v_{k+1}(s) = \sum_{a\in A}\pi(a\mid s)\left[R_s^a + \gamma\sum_{s'\in S}P_{ss'}^a v_k(s')\right]$
Until $v_{k+1}=v_k$

9.3.1.2　策略改善

为评价雷达在干扰状态 s 下选择波形策略 a 的性能好坏，可通过式（9-18）计算动作价值函数 $q(s,a)$，即

$$q(s,a) = E_\pi\left[\sum_{k=0}^{\infty}\gamma^k R_{t+k+1}\mid S_t = s, A_t = a\right] = E_\pi[R_{t+1} + \gamma v(S_{t+1})\mid S_t = s, A_t = a] \tag{9-18}$$

此时可使用贪心算法，根据雷达原策略的价值函数构造一个更好的策略，从而实现策略改进。式（9-19）可以在每个干扰状态下根据 $q_\pi(s,a)$ 选择一个最优的雷达动作，即考虑一个新的贪心策略 π'，满足

$$\begin{aligned}\pi'(s) &\doteq \underset{a}{\operatorname{argmax}}\, q_\pi(s,a)\\ &= \underset{a}{\operatorname{argmax}}\, E[R_{t+1} + \gamma v_\pi(S_{t+1})\mid S_t = s, A_t = a]\\ &= \underset{a}{\operatorname{argmax}}\sum_{s',r}p(s',r\mid s,a)[r + \gamma v_\pi(s')]\end{aligned} \tag{9-19}$$

其中，$\underset{a}{\operatorname{argmax}}$ 表示能使表达式的值最大化的 a（相等则任取一个），且构造的贪心策略满足 $q_\pi(s,\pi'(s))\geqslant v_\pi(s)$。假设 $v_\pi=v_{\pi'}$，对任意 $s\in S$，有

$$\begin{aligned}v_{\pi'}(s) &= \max_a E[R_{t+1} + \gamma v_{\pi'}(S_{t+1})\mid S_t = s, A_t = a]\\ &= \max_a\sum_{s',r}P(s',r\mid s,a)[r + \gamma v_{\pi'}(s')]\end{aligned} \tag{9-20}$$

因此，除非雷达原策略是最优，否则策略改进一定可给出一个更优的博弈策略。通过策略评估和策略改进，针对不同干扰寻找雷达最优博弈策略，可使雷达具备自适应抗干扰能力。

策略迭代算法的伪代码如表 9.4 所列。其中，step3 执行 π_l 策略的策略评估，其伪代码如表 9.3 所列。step4 为策略改善方法，即使用贪婪策略（Greedy Policy）改善当前策略，最终得到第 $l+1$ 次的策略 π_{l+1}。

表 9.4　策略迭代算法的伪代码

算法 1：策略迭代算法	
step1	输入状态转移概率 $P_{ss'}^{a}$，回报函数 R_{s}^{a}，折扣因子 γ，初始化值函数 $V(s)=0$，初始化策略 π
step2	Repeat　$l=0,1,\cdots$
step3	find V^{π_l}
step4	$\pi_{l+1}(s)\in\underset{a}{\operatorname{argmax}}\ q^{\pi_l}(s,a)$
step5	Until $\pi_{l+1}=\pi_l$
step6	输出：$\pi^*=\pi_l$

由此可知，在有限马尔可夫决策过程中，使用策略评估时需要遍历整个状态空间，计算每一个状态的值函数。

9.3.2　基于策略迭代法的雷达最优策略设计流程

依据对抗场景，建立雷达和目标间的对抗模型，通过对空间中噪声、杂波、雷达信号和干扰等电磁信息的描述，可在马尔可夫决策过程框架中基于策略迭代法生成最优抗干扰波形策略，算法步骤如表 9.5 所列。

表 9.5　基于策略迭代法的雷达最优策略设计算法步骤

算法 1：基于策略迭代法的雷达最优策略设计算法

```
对于所有的干扰状态初始化 V 和雷达对抗策略 π
  repeat
      //执行策略评估
      Repeat
          δ←0
          for s∈S do
              v←V(s)
              V(s) ← Σ_{r,s'} (r + γV(s'))P(r,s' | s,π(s))
              δ←max(δ, | v−V(s) |)
          ond for
      until δ 小于一个正阈值
      //执行策略提升
      stable←true
      for s⊂S do
        a←π(s)
        π(s)←argmax_a Σ_{r,s'} (r + γV(s'))P(r,s' | s,a)
```

续表

```
        if a≠π(s) then
            stable←false
        end if
    end for
until stable=true
return 雷达最优抗干扰波形策略 π
```

9.4 仿真验证及性能分析

下面对基于策略迭代算法的机载雷达抗干扰波形设计方法进行仿真分析，并与传统雷达信号对比性能，验证算法有效性。

依据某雷达设置工作频段、中心频率和信号带宽等参数，以及目标飞行速度、目标冲激响应和环境杂波等信息，仿真参数如表 9.6 所列。

表 9.6　仿真参数

雷达系统	仿真参数设置
工作波段	X 波段
中心频率	9.5GHz
信号带宽	140MHz
子频带带宽	20MHz
目标飞机速度	250m/s
$\sigma_h^2(f)$	{1,0.2,1.2,6,19,1,5}
噪声	1

环境中的目标冲激响应信息如图 9.5 所示。

9.4.1 雷达最优抗干扰策略生成

雷达和干扰的对抗过程中，雷达和干扰作为博弈方，雷达通过与环境交互，利用策略迭代算法产生最优抗干扰波形频域策略，博弈过程如图 9.6 所示。为验证该方法的有效性，在相同实验条件下，分别与 LFM 信号和跳频信号进行仿真和对比分析。

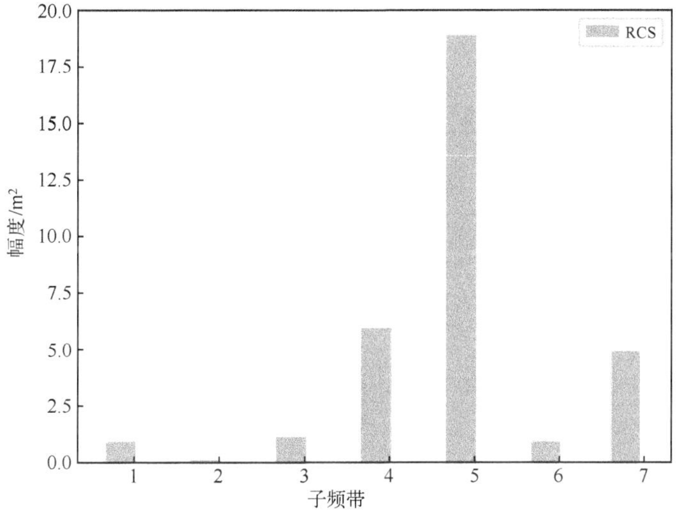

图 9.5　目标 RCS

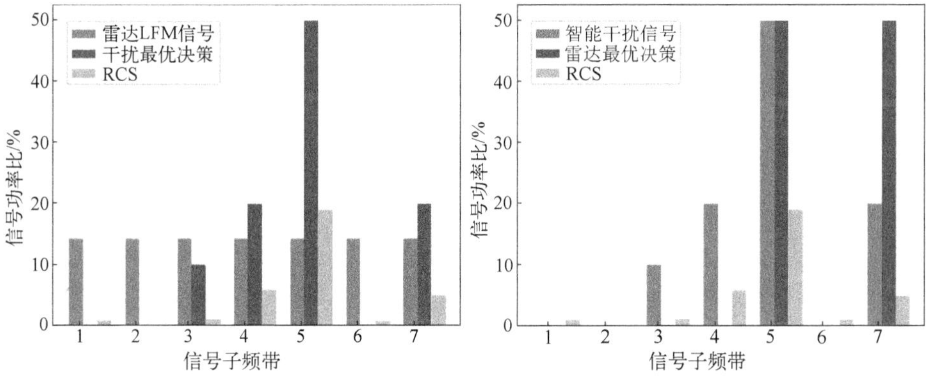

(a) 目标智能干扰波形策略　　(b) 雷达最优抗干扰波形策略

图 9.6　雷达与干扰机博弈过程

图 9.6 为雷达和干扰机在博弈过程中的策略对比。由于 LFM 信号具有大的时间带宽积，且随着时间带宽积增大，信号幅频特性顶部起伏逐渐减小，接近矩形，因此信号功率均匀分配在 5 个子频段。图 9.6（a）中，干扰机为博弈主导方，根据接收的雷达 LFM 信号，在目标冲激响应较高的 3、4、5、7 子频段上实施干扰，尤其在目标冲激响应最高的第 5 子频段分配了 50%的信号功率，实现了干扰效果最大化。在图 9.6（b）中，雷达为实现躲避干扰的同时获取更多目标信息，如蓝色柱状图所示，选择在目标冲激响应最强的第 5 子频段和目标冲激响应较强的第 7 子频段各分配 50%的功率，在抗干扰的同时最大

程度提升信号的 SJNR，实现雷达对目标的有效探测。可见，雷达和干扰双方均可利用此模型实现最优决策。

9.4.2 最优波形策略性能分析

SJNR 是衡量雷达目标检测性能的重要参数。为验证基于策略迭代算法的雷达抗干扰波形策略设计方法的性能，将设计的最优抗干扰波形策略与 LFM 信号和跳频信号分别在雷达信号总功率固定、干扰信号总功率固定、雷达和干扰信号总功率均变化等三种不同情况下进行比较，分析最优波形策略带来的目标探测性能。通过式（9-7）和式（9-8）分别计算雷达接收机 SJNR 和雷达目标检测概率，对比分析最优策略性能。

9.4.2.1 目标干扰总功率 P_b 为定值时性能分析

在干扰总功率为 $P_j=10\text{W}$，雷达信号的发射功率变化范围为 $P_s=1\sim30\text{W}$ 的条件下，三种雷达波形策略的 SJNR 和目标检测概率 P_d 随雷达信号总功率变化情况如图 9.7 所示。

图 9.7 中圆圈线条表示 LFM 信号，菱形线条和三角形线条分别表示跳频策略产生的雷达策略和本章基于策略迭代算法产生的最优策略所导致的雷达性能。由图 9.7（a）可知，随着雷达信号功率增加，三种不同信号的 SJNR 均不断增加，且基于策略迭代算法产生的抗干扰波形策略明显优于其他两种策略，且跳频策略产生的信号 SJNR 也高于传统的 LFM 信号。雷达信号功率为 10W 时，本章方法产生的最优策略的 SJNR 可达 14.7dB，与跳频策略产生的信号和 LFM 信号相比分别提升了 1.8dB 和 9.8dB。同理通过图 9.7（b）可知，三种不同波形中，本章方法所设计波形导致的目标检测概率最高，跳频信号次之，LFM 信号检测概率最低。在雷达信号功率为 10W 时，本章方法产生的最优策略的目标检测概率可达 99%，与跳频信号相比目标检测概率提升了 27%，此时 LFM 信号导致的目标检测概率仅为 4%，雷达信号几乎完全淹没在干扰信号中。

9.4.2.2 雷达信号总功率 P_s 为定值时性能分析

固定雷达发射信号总功率 $P_s=10\text{W}$，目标干扰总功率变化范围为 $P_j=1\sim30\text{W}$，此时三种雷达波形策略的 SJNR 和目标检测概率 P_d 随干扰总功率变化情况如图 9.8 所示。

由图 9.8（a）可知，随着干扰信号功率增加，三种雷达发射信号的 SJNR 均不断减小，但基于策略迭代算法产生的抗干扰波形策略 SJNR 减小幅度明显小于其他两种策略，且采取跳频策略的信号 SJNR 也明显优于 LFM 信号。在干扰信号功率增加至 30W 时，本章方法产生的最优策略的 SJNR 为 9.83dB，相比跳频信号和 LFM 信号，仍分别高了 1.13dB 和 7.68 dB。同理通过图 9.8（b）

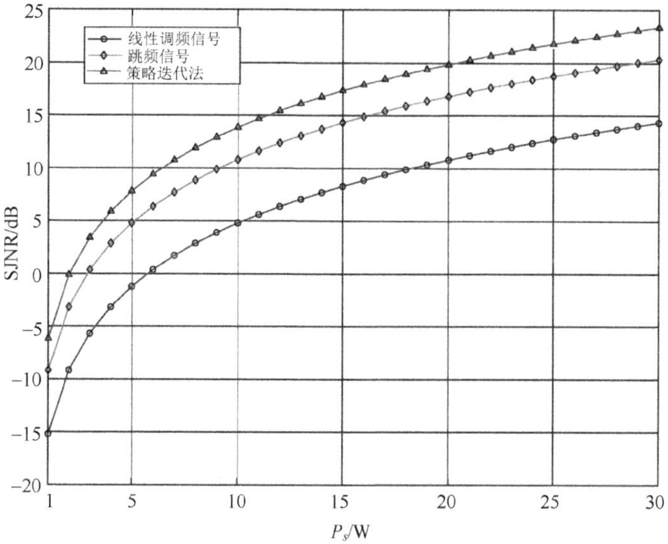

(a) 三种雷达波形之间的SJNR

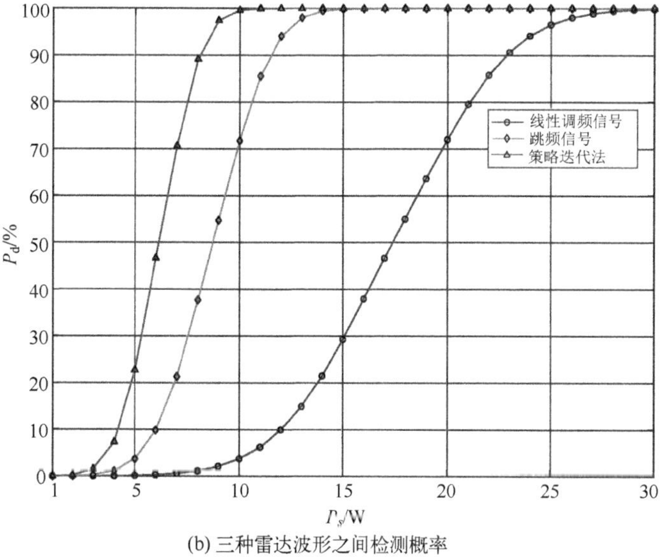

(b) 三种雷达波形之间检测概率

图 9.7　三种雷达波形间性能比较

可知，三种雷达信号的目标检测概率随干扰功率的增加而递减，但基于策略迭代法得到的雷达最优策略的目标检测概率降低速率最慢，直至干扰功率增至 30W。该最优策略的目标检测概率仍有 53.74%，与跳频信号相比仍高出 31.17%。此时采取传统的 LFM 信号的雷达几乎丧失了目标探测功能。

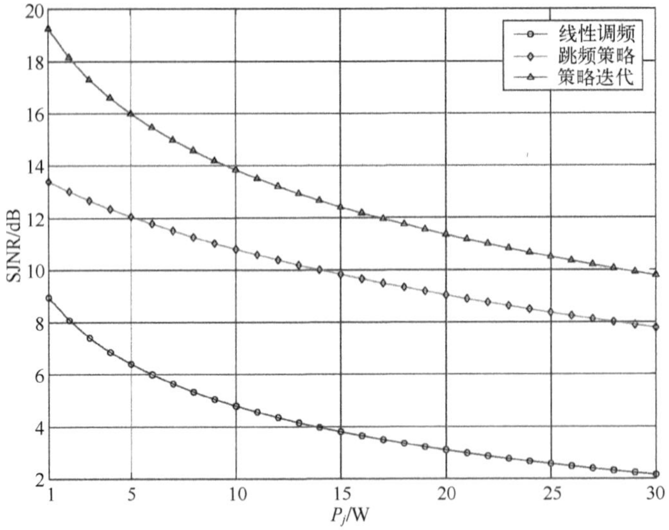

(a) 三种雷达信号之间的SJNR

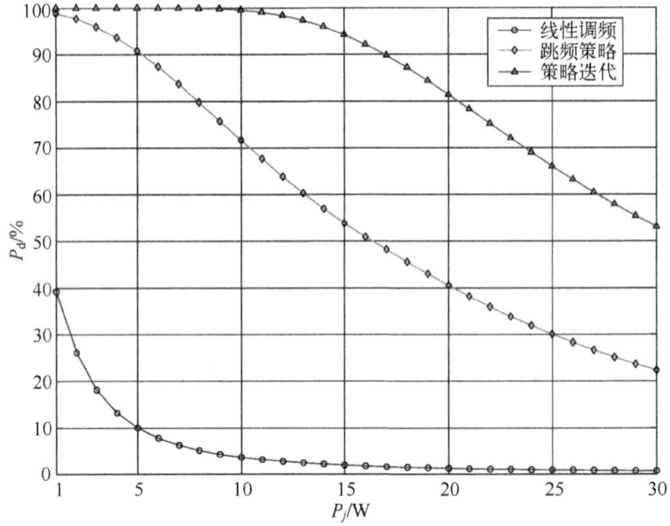

(b) 三种雷达信号之间检测概率

图 9.8　三种雷达信号间的性能比较

9.4.2.3　P_s 和 P_b 均为变量时性能分析

为更直观地观察 SJNR 变化规律，用三维图表示杂波和干扰环境中三种雷达波形策略的 SJNR 随 $P_s=1\sim30$W 和 $P_j=1\sim30$W 的变化情况，如图 9.9 所示。

图 9.9 是在干扰功率和雷达功率均由 1W 增加至 30W 时，LFM 信号、跳频信号和本章的策略迭代法生成的雷达最优抗干扰信号等三种信号的 SJNR 变

化情况。可知，三种信号的 SJNR 随着雷达功率增大均不断提高，随着干扰功率的增大而降低。仿真表明，同等条件下在干扰功率最大（30W）雷达信号功率最小（1W）时，本章方法所产生的雷达抗干扰波形 SJNR 最大，具备更好抗干扰性能。

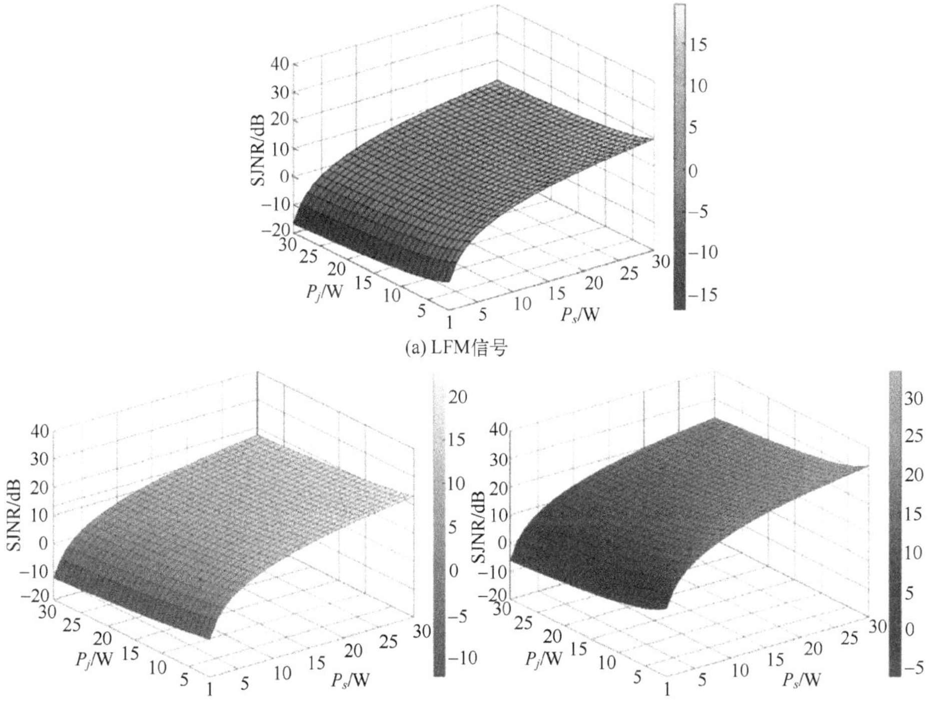

(a) LFM信号

(b) 跳频信号

(c) 最优雷达策略

图 9.9　干扰功率和雷达功率变化的条件下三种信号的 SJNR

9.5　时域信号生成

为将本章方法更好应用于实际雷达探测系统，提高目标检测性能，需产生雷达频域最优波形策略的时域发射信号。目前获取生成信号时域特性的方法很多，最简单方法是直接快速傅里叶逆变换（Inverse Fast Fourier Transform，IFFT）方法，对最优幅度谱进行 IFFT 变换，然后对变换后的信号进行幅度归一化处理。但该方法合成的时域信号与最优策略存在较大差别[5]。固定相位技术是合成非线性调频信号的常规方法，使用牛顿法计算数值解，推导复杂。Jackson 等人使用迭代变换方法（Iterative Transformation Method，ITM）生成恒定包络时域信号[6]，频谱拟合效果最好。因此可采用 ITM 拟合频域最优策略的时域信号。根据图 9.6（b）中的雷达最优抗干扰频域策略合成时域雷达发射信号，并验证其频域特性，可得如图 9.10 所示结果。

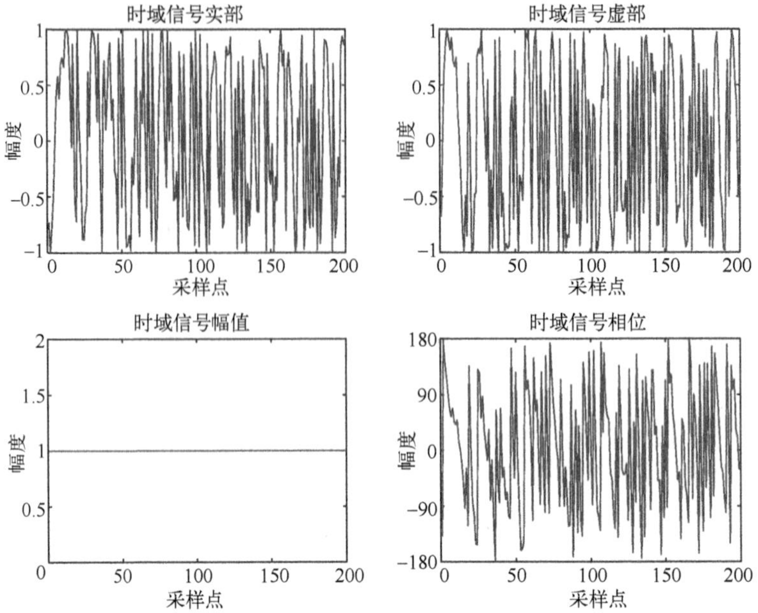

(a) 合成雷达信号的幅值和相位

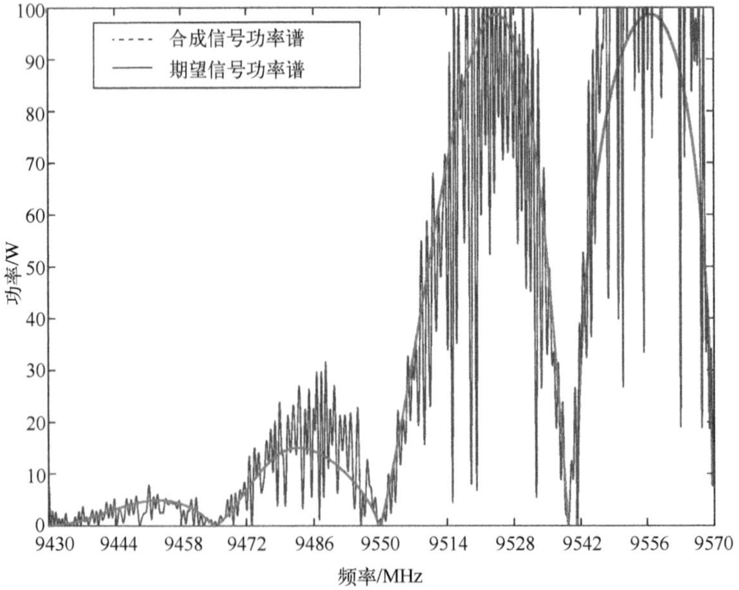

(b) 雷达信号的频谱拟合结果

图 9.10　最优雷达抗干扰策略的时域波形

其中，图 9.10（a）为合成时域信号的实部图、虚部图、幅度谱和相位谱，可看出该时域信号为恒包络的；图 9.10（b）为验证时域波形的频域特性结果，红色虚线为本章方法设计的最优频域策略，蓝色实线则表示通过 ITM 合成时域信号的频谱图。可知，合成的时域信号较好地实现了最优策略的频域特征，且具有恒包络、抗干扰等低截获性能。

参考文献

[1] SUTTON R S, BARTO A G. Reinforcement learning: an introduction [M]. Cambridge: MIT Press, 1998: 67-98.

[2] WANG H L, LI W, WANG H, et al. Radar waveform strategy based on game theory [J]. Radio Engineering, 2019, 28(4): 757-764.

[3] BELL M R. Information theory and radar waveform design [J]. IEEE Transactions on Information Theory, 1993, 39(5): 1578-1597.

[4] Steven M K. 统计信号处理基础：估计与检测理论 [M]. 罗鹏飞，张文明，刘忠，等译. 北京：电子工业出版社，2014：425-445.

[5] 黎湘，范梅梅. 认知雷达及其关键技术研究进展 [J]. 电子学报，2012，40(09)：1863-1870.

[6] Jackson L, Kay S, Vankayalapati N. Iterative method for nonlinear FM synthesis of radar signals [J]. IEEE Transactions on Aerospace and Electronic Systems, 2010, 46(2): 910-917.

第 10 章　基于深度强化学习的雷达波形优化设计

针对传统波形设计难以应对目标智能干扰的问题，第 9 章探索了一种博弈条件下基于强化学习的雷达波形设计方法，利用策略迭代，求解雷达最优频域能量分配策略，并证明了该方法可以提高雷达目标检测性能。但复杂环境描述能力不足是传统强化学习算法的短板，单纯依靠强化学习算法难以实现实际场景中的复杂环境建模，无法处理高维、庞大的环境信息。

近年来，深度神经网络飞速发展，其强大的数据拟合和学习能力，正好可以弥补强化学习的短板，深度强化学习应运而生。因此，借助深度强化学习思想，使用深度神经网络模拟和评估博弈双方的状态和动作，基于强化学习的决策能力，实现智能抗干扰算法，生成最优策略波形，可有效提升对抗条件下的雷达探测性能，并推动雷达智能化发展走向实际，进一步促进通用人工智能的发展。

本章针对复杂环境下机载雷达智能抗主瓣干扰问题，介绍基于深度强化学习的雷达波形设计方法。结合认知雷达思想，建立雷达与干扰间的 MDP 动态对抗模型，设置 SJNR 为奖励函数；构建深度神经网络，从对抗场景出发，基于目标响应、干扰信号、杂波响应、噪声和机载雷达发射波形频谱特征等信息，计算任意状态下的策略价值，通过雷达与电磁环境不断交互，所得数据用于神经网络的学习训练，迭代更新网络参数，基于 D3QN 算法设计雷达最优抗干扰波形策略，并合成雷达恒包络时域信号。

10.1　杂波和干扰环境机载雷达信号建模

图 10.1 为机载雷达探测场景。建立复杂电磁空间中的机载雷达信号模型，需充分考虑雷达发射信号、敌方干扰信号、目标回波、噪声和各类环境杂波等因素的影响。

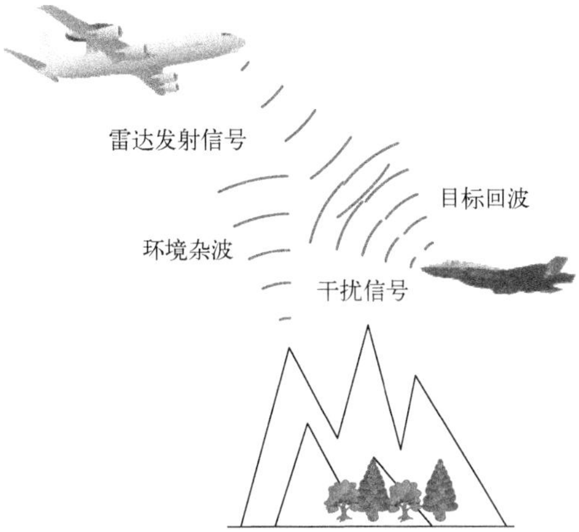

图 10.1　机载雷达探测场景

10.1.1　杂波和干扰环境机载雷达信号模型

图 10.2 为机载雷达信号模型，其中：$s(t)$ 为雷达发射信号，傅里叶变换为 $S(f)$，信号带宽为 W，总功率为 P_S；$j(t)$ 为干扰机信号，功率谱密度为 $J(f)$，总功率为 P_J。目标脉冲响应 $h(t)$ 和接收滤波器脉冲响应 $r(t)$ 的傅里叶变换分别为 $H(f)$ 与 $R(f)$，$h(t)$ 为时间有限的随机模型。目标冲激响应和杂波响应等信息可在机载雷达搜索阶段获取。杂波 $c(t)$ 为非高斯随机过程，功率谱密度 $S_c(f)$ 在 W 内不为常数。噪声 $n(t)$ 为零均值高斯信道过程，其功率谱密度 $S_n(f)$ 在 W 内不为零[1]。

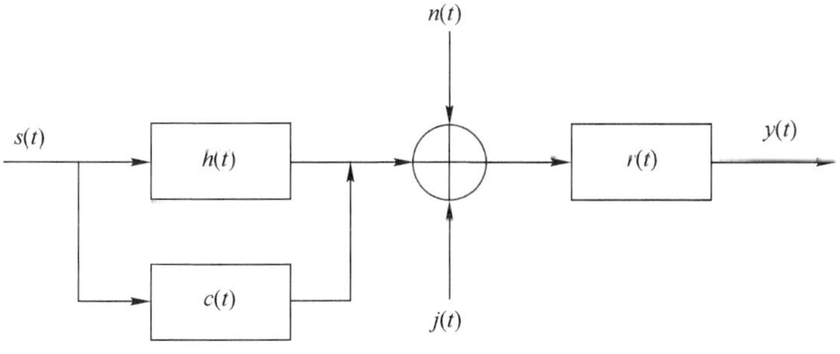

图 10.2　机载雷达信号模型

雷达接收端滤波器输出端信号 $y(t)$ 表达式为

$$y(t)=r(t)*(s(t)*h(t)+s(t)*c(t)+n(t)+j(t)) \tag{10-1}$$

式中：* 为卷积运算符。

雷达信号分量为

$$y_s(t)=r(t)*(s(t)*h(t)) \tag{10-2}$$

干扰、噪声和杂波分量为

$$y_j(t)=r(t)*(s(t)*c(t)+n(t)+j(t)) \tag{10-3}$$

10.1.2 雷达信号性能指标

在 t_0 时刻，SJNR 的频域表达式为

$$(\mathrm{SJNR})_{t_0}=\frac{|y_s(t_0)|^2}{\mathrm{E}(|y_j(t_0)|^2)}=\frac{\left|\int_{-\infty}^{+\infty}R(f)H(f)S(f)\mathrm{e}^{\mathrm{j}2\pi f t_0}\mathrm{d}f\right|^2}{\int_{-\infty}^{+\infty}|R(f)|^2(S_c(f)|S(f)|^2+J(f)+S_n(f))\mathrm{d}f} \tag{10-4}$$

$h(t)$ 为时间有限随机模型，可用 ESV 替代功率谱密度[2]，即

$$\sigma_h^2(f)=\mathrm{E}(|H(f)-\mu_h(f)|^2) \tag{10-5}$$

假设 $H(f)$ 均值 $\mu_h(f)$ 为 0，将式（10-5）代入式（10-4）中，利用施瓦茨不等式求解可得

$$(\mathrm{SJNR})_{t_0}\leqslant\frac{\int_{-\infty}^{+\infty}|R(f)|^2(S_c(f)|S(f)|^2J(f)+S_n(f))\mathrm{d}f\int_{-\infty}^{+\infty}\frac{\sigma_h^2(f)|S(f)|^2}{S_c(f)|S(f)|^2J(f)+S_n(f)}\mathrm{d}f}{\int_{-\infty}^{+\infty}|R(f)|^2(S_c(f)|S(f)|^2+J(f)+S_n(f))\mathrm{d}f} \tag{10-6}$$

等号成立的条件是：当且仅当 $R(f)=\dfrac{[k\sigma_h(f)S(f)\mathrm{e}^{\mathrm{j}2\pi t_0}]^*}{S_c(f)|S(f)|^2+J(f)+S_n(f)}$（$k$ 为任意常数)，此时 SJNR 取最大值。

假设敌方干扰机可通过接收雷达发射信号进而得到其频谱，可以将干扰信号功率调整到雷达同一频带内，达到最大化的干扰效果，此时可得

$$(\mathrm{SJNR})_{t_0}=\int_{-\infty}^{+\infty}\frac{\sigma_h^2(f)|S(f)|^2}{S_c(f)|S(f)|^2+J(f)+S_n(f)}\mathrm{d}f\simeq\frac{\Delta f}{W}\sum_{k=1}^{K}\frac{\sigma_h^2(f_k)|S(f_k)|^2}{S_c(f)|S(f_k)|^2+J(f_k)+S_n(f_k)} \tag{10-7}$$

式中：K 为频率采样数；Δf 为频率采样间隔，且有 $K\Delta f=W$。

本节的雷达检测问题与第 9 章相同，雷达目标检测概率[3]仍可表示为

$$P_{\mathrm{D}}=Q(Q^{-1}(P_{\mathrm{FA}})-\sqrt{d^2})\tag{10-8}$$

$$P_{\mathrm{FA}}=Q(\tau)=\int_{\tau}^{\infty}\frac{1}{\sqrt{2\pi}}\exp\left(-\frac{1}{2}t^2\right)\mathrm{d}t\tag{10-9}$$

式中：P_{FA}为虚警概率；τ 为检测门限；d^2 为偏移系数。

10.2　基于马尔可夫决策过程的对抗环境建模

对电磁空间中的雷达信号和干扰信号设计良好的信号模型，充分表现电磁信息特征，建立雷达和干扰间的 MDP 动态对抗模型，为下一步最优策略生成奠定基础。

10.2.1　雷达动作、状态和奖励设计

将雷达信号 $s(t)$ 和干扰信号 $j(t)$ 在频域上等分为 M 个子频带，子频带功率等分为 N 份，即单个信号建模为 M 个数组成的数组，即

$$s(t),j(t)\Rightarrow[f_1,f_2,\cdots,f_M],\quad f_i\in[0,1,\cdots,N]\tag{10-10}$$

所有干扰信号组成状态空间 $\boldsymbol{S}$，定义为

$$\boldsymbol{S}=(s_1,s_2,\cdots,s_{(N+1)^M})\tag{10-11}$$

式中：下标$(N+1)^M$ 表示状态空间 $\boldsymbol{S}$ 大小。$\alpha_i\in[0,1,\cdots,N]$，$i\in[1,2,\cdots,M]$ 表示状态 s_t 的子频带 i 的信号功率分配大小，可表示为

$$s_t=[\alpha_1,\alpha_2,\cdots,\alpha_M]\tag{10-12}$$

同理，所有雷达信号组成动作空间 $\boldsymbol{A}$，定义为

$$\boldsymbol{A}=(a_1,a_2,\cdots,a_{(N+1)^M})\tag{10-13}$$

式中：下标$(N+1)^M$ 表示动作空间 $\boldsymbol{A}$ 大小。$\beta_i\in[0,1,\cdots,N]$，$i\in[1,2,\cdots,M]$ 表示采取动作 a_t 的子频带 i 的信号功率分配大小，可表示为

$$a_t=[\beta_1,\beta_2,\cdots,\beta_M]\tag{10-14}$$

奖励回报是影响决策好坏的关键因素。将雷达信号的 SJNR 作为智能体决策的动作回报，奖励值大小与雷达信号 SJNR 成正比，更大的 SJNR 将获得更大的回报，即

$$\mathrm{Reward}\propto\mathrm{SJNR}\simeq\frac{\Delta f}{W}\sum_{k=1}^{K}\frac{\sigma_h^2(f_k)\,|S(f_k)|^2}{S_c(f)\,|S(f_k)|^2+J(f_k)+S_n(f_k)}\tag{10-15}$$

10.2.2　对抗模型关键参数设置

MDP 模型参数设置如表 10.1 所列。设 $M=5$，$N=5$，即机载雷达与干扰机

MDP 博弈模型使用 5 位数组成的数组表示雷达信号 $s(t)$ 和干扰信号 $j(t)$ 的频域能量分布状态，信号频域划分为 5 个子频带，子频带功率分为 5 等份，折扣因子 $\gamma=0.9$。

表 10.1　MDP 模型参数设置

马尔可夫决策模型	参数设置
信号子频段划分个数	$M=5$
子频段能量划分个数	$N=5$
状态空间	$S=(s_1,s_2,s_3,\cdots,s_{6^5})$
动作空间	$A=(a_1,a_2,a_3,\cdots,a_{6^5})$
单个状态	$s_t=[\alpha_1,\alpha_2,\alpha_3,\alpha_4,\alpha_5],\alpha\in[0,5]$
单个动作	$a_t=[\beta_1,\beta_2,\beta_3,\beta_4,\beta_5],\beta\in[0,5]$
γ	0.9

10.3　基于 D3QN 的雷达最优抗干扰策略

现有深度强化学习算法是将深度学习和强化学习算法结合而来，主要有 DDPG、PPO、TRPO、A3C、SAC 等，以及以 DQN 算法为基础采取一系列改进得到的变体算法。Double DQN 算法和 Dueling DQN 算法是改进较为成功的两种算法。其中，Double DQN 是将 DQN 中的评估网络和目标网络分别用于确定动作和计算动作价值，通过改变目标值的计算方法，解决 DQN 的过估计问题；Dueling DQN 则是将 DQN 的单分支网络结构改进为对偶网络结构，使得值函数的拟合更细致，符合更多实际场景，改善了 DQN 性能。

针对杂波和干扰条件下的雷达智能抗干扰问题，将 Double DQN 算法和 Dueling DQN 算法结合起来，便可取二者优点得到 D3QN（Dueling Double DQN, D3QN）算法。首先，基于 MDP 建立机载雷达和干扰间的动态对抗模型，实现雷达与环境的交互学习；然后，将雷达信号的 SJNR 设置为奖励函数，利用事先获取的被探测目标冲激响应、噪声、杂波响应和干扰信号等环境信息训练评估网络和目标网络，实现雷达通过感知电磁环境信息；最后，结合被探测目标的特征信息，感知分析干扰信号频谱特征，生成雷达最优频域抗干扰波形策略，并合成恒包络的时域信号，实现机载雷达智能抗干扰波形设计。基于 D3QN 的雷达智能抗干扰原理框图如图 10.3 所示。

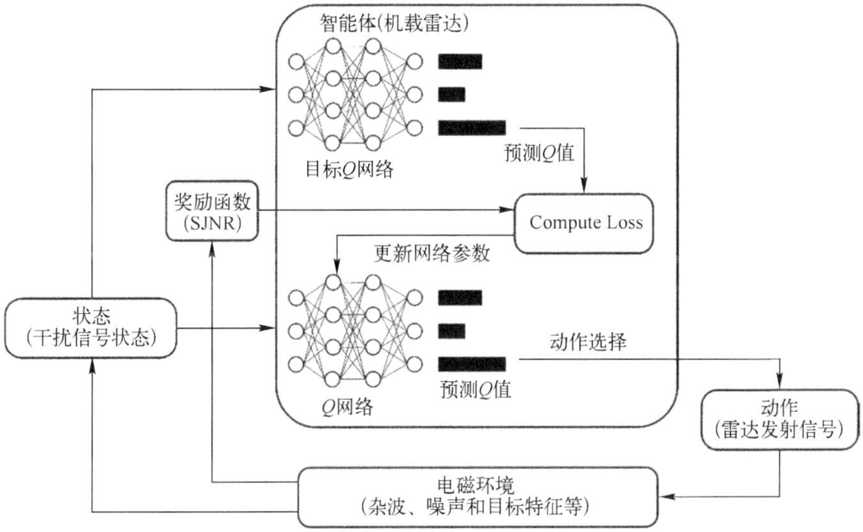

图 10.3　基于 D3QN 的雷达智能抗干扰原理框图

将雷达看作智能体，电磁空间中的干扰信号作为状态信息，雷达的发射信号看作智能体的动作，雷达信号的 SJNR 作为奖励函数。首先，通过不断计算不同状态下采取不同动作的奖励值，并储存对应的状态、动作和奖励信息用于训练神经网络；其次，神经网络分析、计算并选择最高 Q 值的雷达抗干扰波形策略；最后，将选择的最优策略输出给雷达，合成时域信号并发射。

10.3.1　固定 Q 目标

由于 max 操作的原因，值函数在每一点的值都存在过估计问题，且过估计量是不均匀的。为了避免不均匀的过估计量导致求得次优解的问题，需要采取固定 Q 目标的方法。

创建两个网络，分别是评估网络和目标网络，网络参数分别为 ω_e 和 ω_t；使用具有固定参数 ω_t 的目标网络来估计时间差分（Time Difference，TD）目标；创建一个可将评估网络的参数 ω_e 复制给 ω_t 的函数；当评估网络进行 N 次参数更新后，利用该函数周期性地更新目标网络参数，即

$$\Delta\omega=\alpha[(R+\gamma\max_a\hat{Q}(s',a,\omega_t))-\hat{Q}(s,a,\omega_e)]\nabla_w\hat{Q}(s,a,\omega_e) \quad (10-16)$$

$$\text{每 } N \text{ 次更新}:\omega_t\leftarrow\omega_e \quad (10-17)$$

利用评估网络获取 s_{t+1} 状态下最优动作价值对应的动作，利用目标网络计算该动作的动作价值，从而得到目标值，见式（10-18）。通过两个网络的交

互，有效避免了算法的“过估计”问题。

$$y_t=r_{t+1}+\gamma q(s_{t+1},\mathrm{argmax}_a q(s_{t+1},a;\omega_e);\omega_t) \tag{10-18}$$

10.3.2 优先经验回放

为帮助雷达充分学习适应当前电磁对抗环境，提高环境信息采集速度，采用经验回放的方法。首先，将雷达与复杂电磁环境交互过程中的每一干扰状态 s 下，雷达选择的动作 a，接收的新干扰状态 s'，计算的奖励值 R 和交互是否为终止状态 done 等数据 $\{S,S',A,R,\mathrm{done}\}$，全部存入回放缓存区（Replay Buffer）D；当数据量达到设定的一个 batch 大小，均匀随机抽取一个 batch 的数据，一起放入神经网络进行训练；训练之后雷达继续与电磁环境交互，重复操作。每次都均匀随机采样一个 batch 大小的数据训练神经网络，由此可提高数据利用率和减少训练产生的过度拟合问题。经验回放过程示意图如图 10.4 所示。

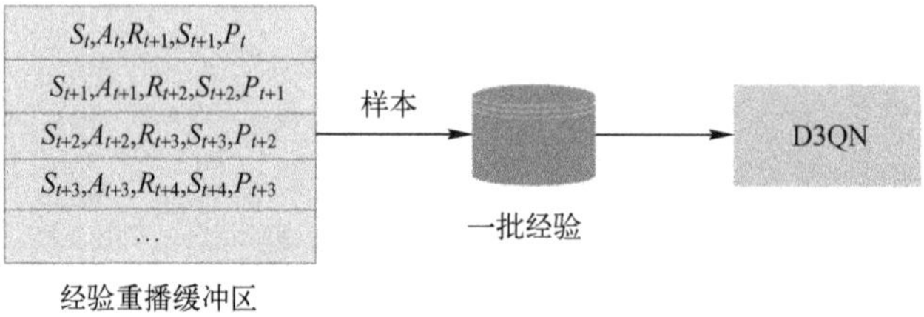

图 10.4　经验回放过程示意图

但是，神经网络训练过程中，数据的均匀随机采样会导致重要经验学习不充分的问题，为了避免某些较重要的雷达抗干扰经验可能比其他经验发生频率更低，此处采用优先经验回放方法，提高重要的经验被回放的概率，从而极大地提高雷达对数据的利用率与学习的效率。

雷达对抗过程属于一种无模型的强化学习问题，需要使用 TD 误差的概念表示当前 Q 值与目标 Q 值的差距大小，以此来衡量每组雷达训练数据的重要程度。TD 误差越大，说明预测精度越低，表示当前 Q 值与目标 Q 值有较大差距，智能体可更新量越大，即对此样本的学习远远不够，因此其优先级 p 就越高。假设样本 i 的 TD 偏差为 σ_i，则 i 处采样概率 $P(i)$ 为

$$P(i)=\frac{p_i^a}{\sum_k p_k^a} \tag{10-19}$$

式中：p_i 为状态转移（transition i）的优先级，均大于 0；α 为决定使用的重量级（ISweight），若 $\alpha=0$，则未采用任何重要性抽样（Importance Sampling），即

均匀随机抽样。p_i 优先级通过比例优先级（Proportional Prioritization）的方法定义，即

$$p_i = |\delta_i| + e \tag{10-20}$$

式中：$|\delta_i|$为 TD 误差的大小；e 为一个很小的正常数，确保一些 TD 误差为 0 的特殊边缘例子也能够被抽取。

这里存在一个偏差，因为动作值函数的概率分布不同于采样的，所以不能单纯地使用优先回放的概率分布进行采样，需要设置一个采样系数来弥补这个偏差，即动作值函数的估计需要乘上采样系数 ω_i，即

$$\omega_i = \left(\frac{1}{N} \cdot \frac{1}{P(i)}\right)^{\beta} \tag{10-21}$$

这些权重通过使用 $\omega_i\delta_i$ 加入到 Q 网络更新中。

10.3.3　价值函数 *V* 和优势函数 *A*

在雷达智能抗干扰训练中，为了提高雷达学习效率、防止训练过拟合等情况，动作值函数网络通过采取对偶网络结构，使用两个全连接序列，在网络中间的隐藏层分别输出状态值函数和优势函数。如图 10.5 所示。

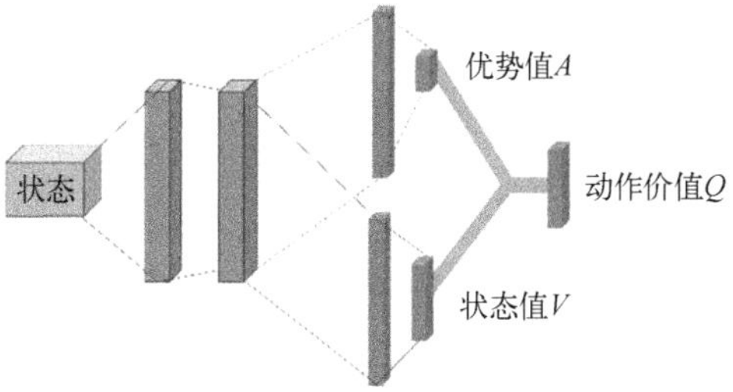

图 10.5　对偶网络结构

优势函数 $A(s,a)$表示为

$$A(s,a) = Q(s,a) - V(s) \tag{10-22}$$

式中：$Q(s,a)$对应单个动作。值函数 $V(s)$是该状态下所有动作值函数关于动作概率的平均值，即

$$V_\pi(s) = \sum_{a \in A} \pi(a|s) q_\pi(s,a) \tag{10-23}$$

通过计算优势函数，可通过比较当前雷达采取的抗干扰波形策略的动作值和动作值函数的平均值的大小，以此描述在该状态下采取该动作的优势，此处的优势是动作值函数与当前状态的值函数比较的优势。如果优势函数大于 0，说明该动作比平均动作好，反之说明当前动作不如平均动作好。

由此可通过式（10-22）计算各个动作对应的 Q 值，动作值函数网络的输出为

$$Q(s,a;\theta,\alpha,\beta)=V(s;\theta,\beta)+\left(A(s,a;\theta,\alpha)-\frac{1}{A}\sum_{a'}A(s,a';\theta,\alpha)\right) \tag{10-24}$$

式中：θ 为常用网络参数；α 为优势函数网络参数；β 为状态值函数网络参数；$\frac{1}{A}\sum_{a'}A(s,a';\theta,\alpha)$ 是对优势函数做了中心化处理，保证在某动作下会出现零优势。

10.3.4 基于 D3QN 算法的雷达最优策略设计流程

结合实际对抗场景，将机载雷达抗干扰问题转化为强化学习问题，建立雷达和目标之间的对抗模型，通过对电磁环境的描述，基于 D3QN 算法训练神经网络，得到最优抗干扰波形策略。算法步骤如表 10.2 所列。

表 10.2　基于 D3QN 的雷达抗干扰波形策略设计算法步骤

算法 2：基于 D3QN 的机载雷达抗干扰波形策略设计算法
• 初始化当前 Q 网络参数 θ，初始化目标 Q'网络参数 θ'，并将 Q 网络参数赋值给 Q'网络，$\theta\to\theta'$，总迭代轮数 T，折扣因子 γ，探索率 ε，目标 Q 网络参数更新频率 P，每次随机采样的样本数 m • 初始化重放缓冲区 D • for $t=1$ to T do 初始化环境，获取状态 S（即干扰信号），$R=0$，done=False while True 根据状态 $\phi(S)$获取，输入当前 Q 网络，计算出各个动作（雷达信号）对应的 Q 值，使用 ε-greedy 算法选择当前 S 对应的动作 A 执行动作 A，得到新的状态 S'和奖励 R，抗干扰过程是否为结束状态 done 将$\{S,S',A,R,\text{done}\}$中 5 个元素存入 D if done break 从 D 中随机采样 m 个样本，$\{S_j,S'_j,R_j,A_j,\text{done}_j\}$，$j=1,2,3,4,\cdots,m$，计算当前 Q 网络的 y_j，即 $y_j=R_{j'}+\gamma Q'(\phi(S'_j),\text{argmax}_{a'}Q(\phi(S'_j),a;\theta);\theta')$ 使用均方损失函数 $\left(\frac{1}{m}\right)\sum_{r=1}^{n}(y_j-Q(\phi(S_j),A_j,\theta))^2$，计算 loss，反向传播更新参数 θ if $t\%p==0:\theta\to\theta'$ $S'=S$

基于 D3QN 算法的抗干扰波形设计训练流程，如图 10.6 所示。

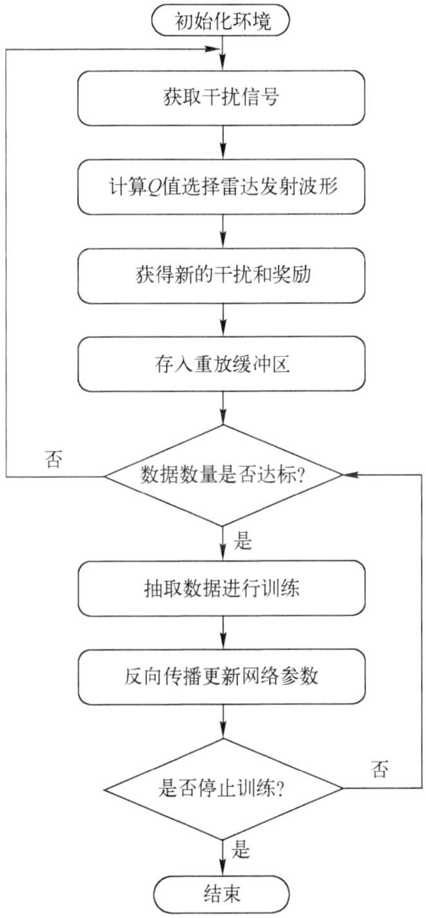

图 10.6　基于 D3QN 的雷达波形设计训练流程

10.4　仿真验证及性能分析

依据国外某型号机载雷达设置工作波段、中心频率和信号带宽等参数，以及目标飞行速度、目标冲激响应和环境杂波响应等信息，仿真参数如表 10.3 所列。

表 10.3　仿真参数

国外某型雷达	仿真参数设置
工作波段	X 波段
中心频率	9.5GHz

续表

国外某型雷达	仿真参数设置
信号带宽	100MHz
子频带带宽	20MHz
目标飞机速度	250m/s
$\sigma_h^2(f)$	{25,4,16,64,49}
杂波	{0.8,0.2,1.0,3.0,4.5}
噪声	1

环境杂波和目标冲激响应如图 10.7 所示，黄色表示目标冲激响应信息，绿色表示环境杂波响应信息。所有结果图中子频段信号功率为百分制。

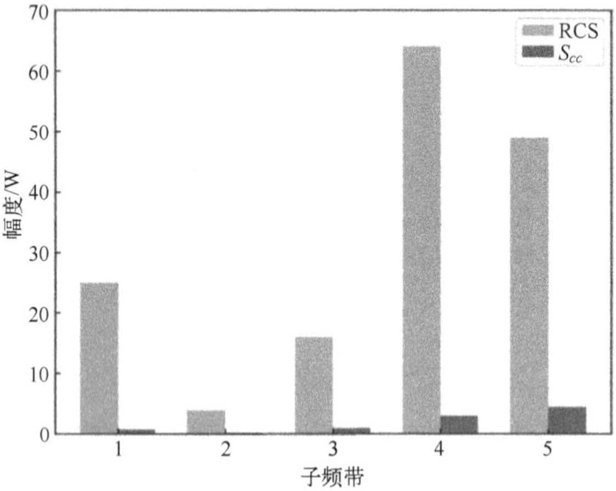

图 10.7　环境杂波和目标冲激响应

10.4.1　雷达最优抗干扰策略生成

雷达和干扰的对抗过程中，雷达通过与环境交互，利用 D3QN 算法产生最优抗干扰波形频域策略。为验证该方法的有效性，在相同实验条件下，分别对雷达传统的 LFM 信号和第 9 章基于经典的强化学习策略迭代法生成的频域抗干扰波形策略分别进行实验对比，如图 10.8 所示。

由图 10.8（a）可知，由于 LFM 信号具有大的时间带宽积，且随着时间带宽积的增大，信号的幅频特性顶部起伏逐渐减小，接近矩形，但是信号功率均匀分配在 5 个子频段，不能根据当前电磁环境信息和目标特征进行雷达抗干扰。由图 10.8（b）和图 10.8（c）可知，基于策略迭代算法产生的雷达抗干扰策略和本章基于 D3QN 算法产生的雷达抗干扰波形策略均可在一定程度上对杂波、干扰和目标特征做出反应，实现抗干扰效果。由图 10.8（b）可知，基于策略迭代算法得到的策略将雷达信号功率主要分配在没有干扰信号并且目标冲激响应较强的子频带 1 和频带 3 处，说明该策略能对环境信息做出一定程度的反应。图 10.8（c）中，在同一环境条件下，本章所提方法得到的雷达最优抗干扰波形策略对杂波、干扰信号和被探测目标冲激响应更为敏感，该策略将大部分雷达信号功率分配在杂波、干扰信号功率较小的子频段和目标冲激响应较强的子频段 1、2、4 处，以此获得更高的雷达 SJNR 和更多地被探测目标信息。

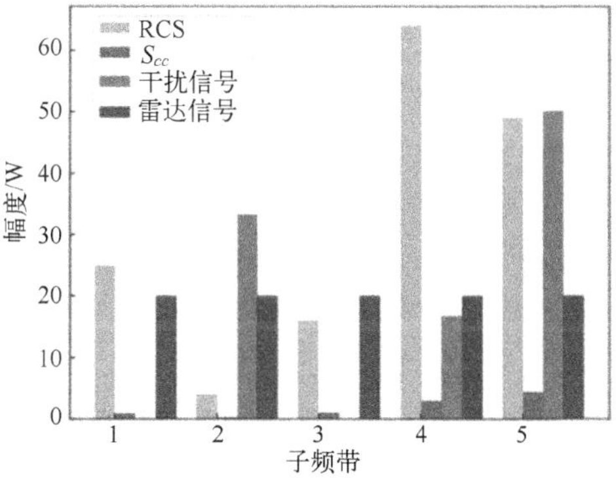

(a) LFM信号

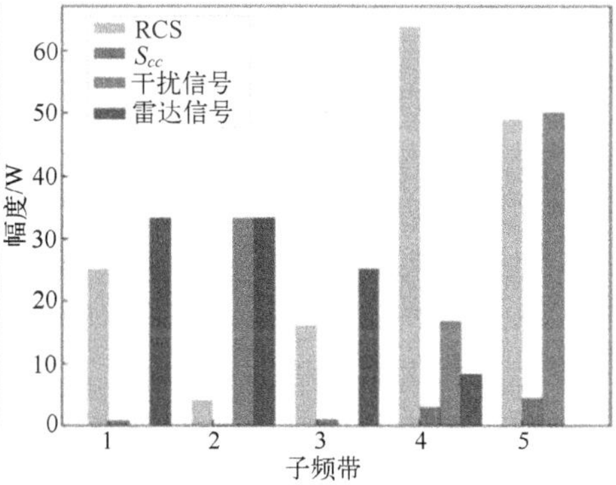

(b) 基于策略迭代法设计的雷达信号

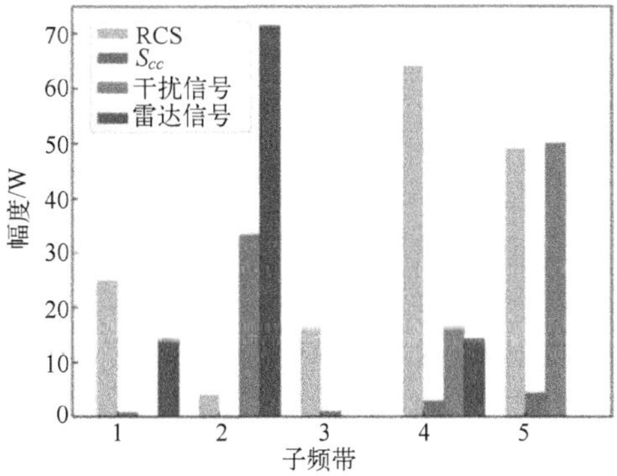

(c) 基于D3QN设计的雷达信号

图 10.8　干扰条件下的三种雷达发射信号

10.4.2 最优波形策略性能分析

SJNR是衡量干扰条件下雷达目标检测性能的重要参数。为验证基于D3QN的机载雷达抗干扰波形策略设计方法的性能，将设计的最优抗干扰波形策略与LFM信号和第9章基于强化学习的策略迭代法设计的抗干扰信号分别在雷达信号总功率固定、干扰信号总功率固定、雷达和干扰信号总功率均变化等三种不同情况下进行比较，分析最优波形策略的目标探测性能。

10.4.2.1 目标干扰总功率为定值时性能分析

图10.9的仿真结果是在干扰为固定总功率 $P_j = 10\text{W}$，雷达信号的发射功率变化范围为 $P_s = 1 \sim 30\text{W}$ 的实验条件下完成的。三种雷达波形策略的SJNR和目标检测概率 P_d 随雷达信号总功率变化情况如图10.9所示。

图10.9中，“—●—”表示LFM信号，“—◆—”和“—▲—”分别表示策略迭代算法产生的波形策略和本章基于D3QN算法产生的最优策略。由图10.9（a）可知，随着雷达信号功率的增加，三种信号的SJNR均随之增加，其中基于D3QN算法产生的抗干扰波形策略明显优于其他两种，基于策略迭代算法的抗干扰波形策略的SJNR也高于传统LFM信号。在雷达信号功率为10W时，本章所提方法产生的最优波形策略的SJNR可达15.8dB，与策略迭代法产生的信号和LFM信号相比分别提升了1.8dB和3.0dB。同理通过图10.9（b）可知，三种不同信号中，本章方法产生的信号目标检测概率最高，基于策略迭代算法产生的信号次之，LFM信号检测概率最低。在雷达信号功率为5W时，本章方法产生的最优策略的目标检测概率可达97%，与策略迭代法产生的信号和LFM信号相比分别提升了27%和44%。

10.4.2.2 雷达信号总功率 P_s 为定值时性能分析

图10.10的仿真结果是在雷达发射信号的总功率固定在 $P_s = 10\text{W}$，目标干扰总功率变化范围为 $P_j = 1 \sim 30\text{W}$ 的实验条件下完成的。三种雷达波形策略的SJNR和目标检测概率 P_d 随干扰总功率变化情况如图10.10所示。

由图10.10（a）可知，随着干扰信号功率增加，三种雷达发射信号的SJNR均不断减小，但基于D3QN算法产生的抗干扰波形策略SJNR减小幅度明显小于其他两种策略，基于策略迭代算法的抗干扰策略也明显优于LFM信号。在干扰信号功率增加至30W时，本章方法产生的最优策略的SJNR为14.19dB，相比策略迭代算法产生的信号和LFM信号，仍分别高了2.01dB和2.68dB。同理通过图10.10（b）可知，三种雷达信号的目标检测概率随干扰功率的增加而递减，但本章方法得到的雷达最优策略的目标检测概率降低速率最慢，直至干扰功率增至30W，该最优策略的目标检测概率仍有99.84%，与策略迭代法产生的信号和 LFM 信号相比仍高出 7.57%和 15.89%。

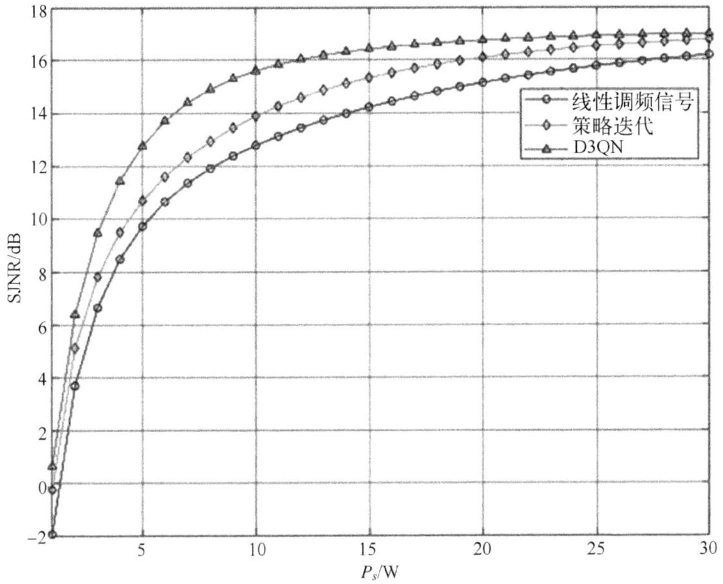

(a) 三种雷达信号之间的SJNR

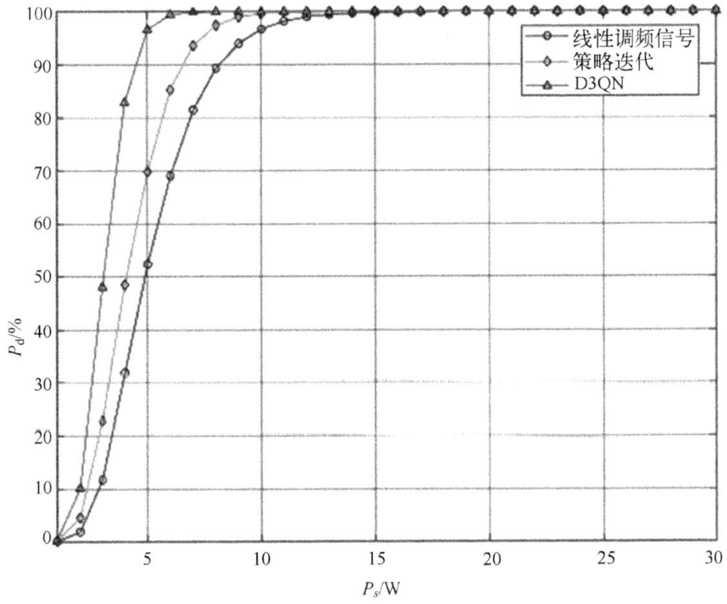

(b) 三种雷达信号之间检测概率

图 10.9　三种雷达信号间的性能随总功率变化情况

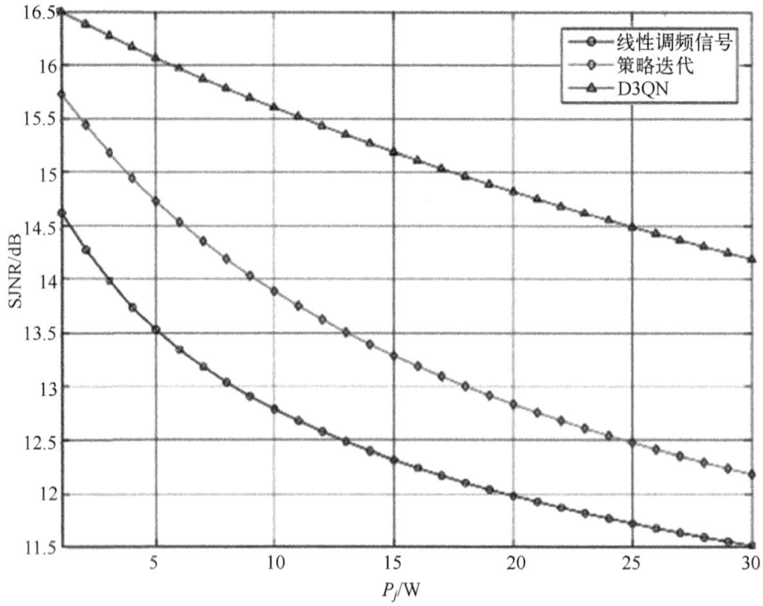

(a) 三种雷达信号的SJNR

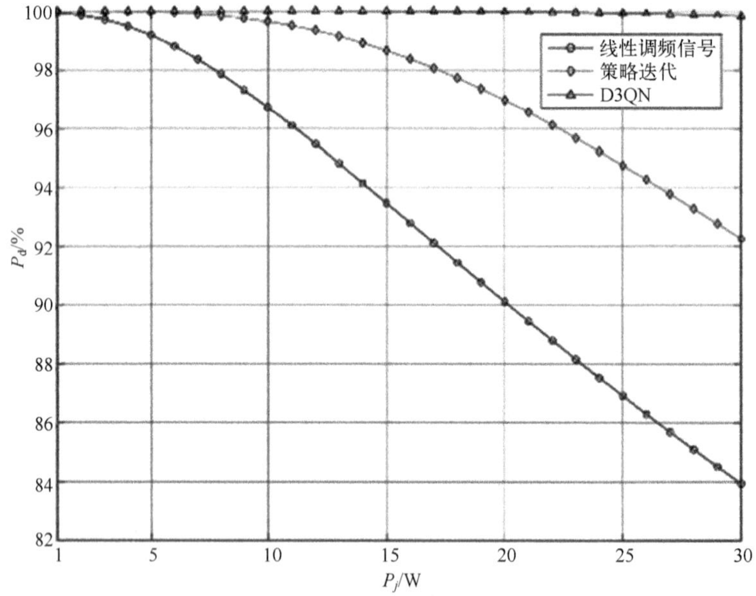

(b) 三种雷达信号的检测概率

图 10.10　三种雷达信号间的性能随干扰总功率变化情况

10.4.2.3　P_s 和 P_b 均为变量时性能分析

为了更直观地展示 SJNR 变化，下面用三维图展示杂波和干扰环境中，三种雷达波形策略的 SJNR 随 $P_s=1\sim30\text{W}$ 和 $P_j=1\sim30\text{W}$ 的变化情况，如图 10.11 所示。

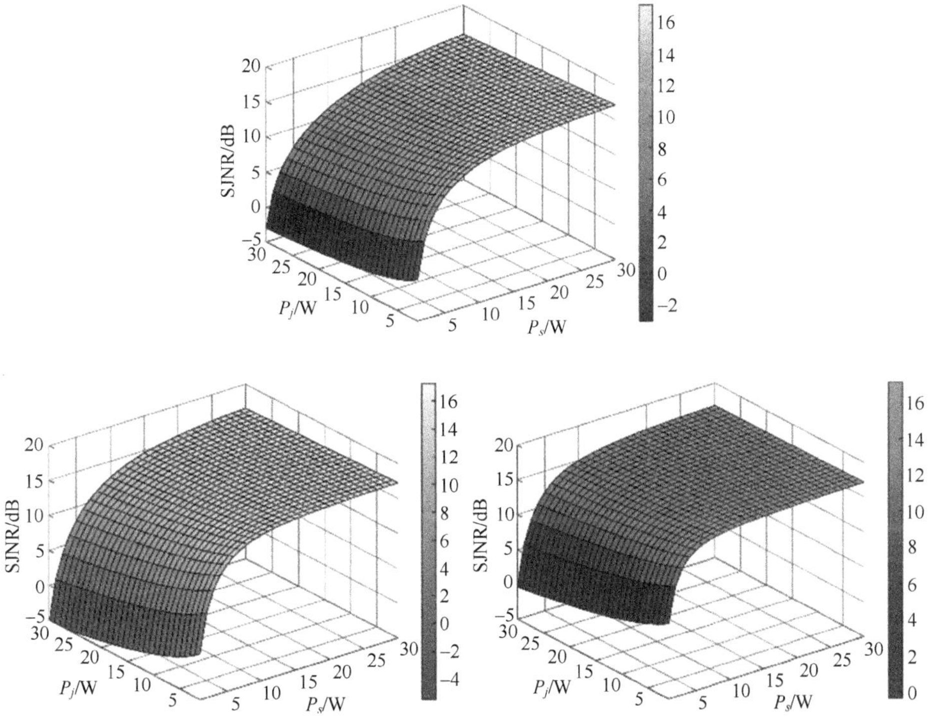

图 10.11　干扰功率和雷达功率变化的条件下三种信号的 SJNR

图 10.11 是在干扰功率和雷达功率均由 1W 增加至 30W 时，LFM 信号、基于策略迭代法生成的雷达抗干扰信号和本章所提方法设计的雷达信号等三种信号的 SJNR 变化情况。可知，三种信号的 SJNR 随着雷达功率增大均不断提高，随着干扰功率的增大而降低；同等条件下在干扰功率最大（30W）雷达信号功率最小（1W）时，本章方法所产生的雷达抗干扰波形 SJNR 最大，具备更好的抗干扰性能。

10.5　时域信号生成

采用 ITM 拟合基于策略迭代法得到的最优雷达频域波形策略的时域形式和频谱，如图 10.12 所示。

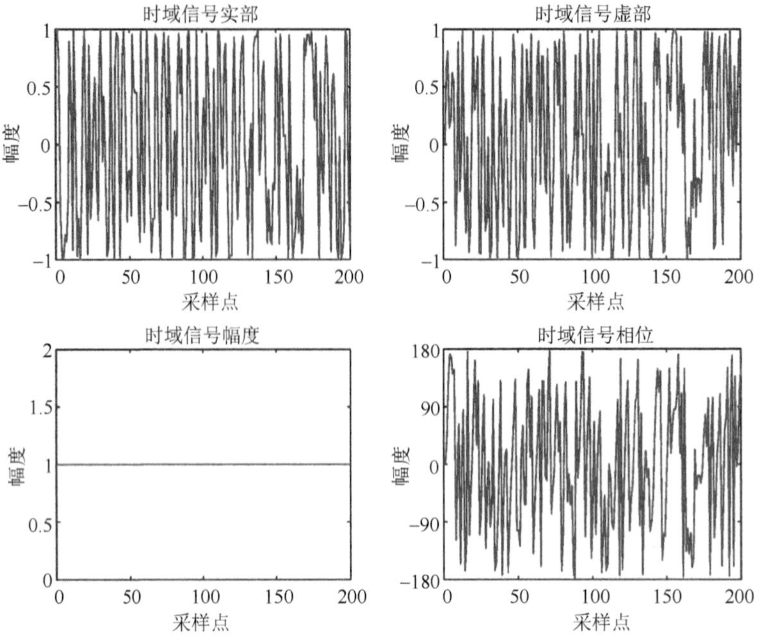

(a) 合成雷达信号的幅值和相位

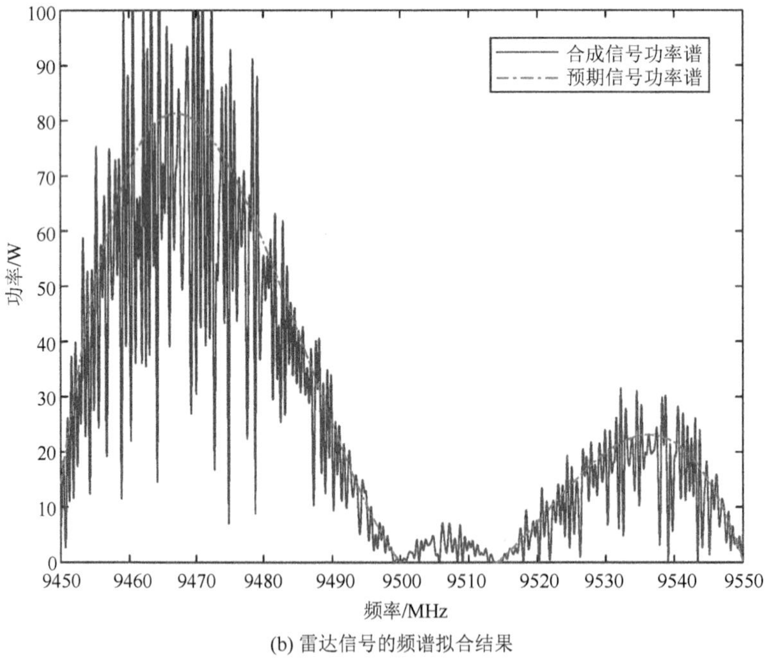

(b) 雷达信号的频谱拟合结果

图 10.12　最优雷达抗干扰策略的时域波形

根据图 10.8（c）中的雷达最优抗干扰频域策略合成时域雷达发射信号，并验证其频域特性，如图 10.12 所示。其中，图 10.12（a）描述了合成时域信号的实部图、虚部图、幅度谱和相位谱；图 10.12（b）为验证时域波形的频域特性结果，红色虚线为本章方法设计的最优频域策略，蓝色实线则表示通过 ITM 合成时域信号的频谱图。可知，合成的时域信号较好地实现了最优策略的频域特征，且具有恒包络、抗干扰等低截获性能。

参考文献

[1] WANG H L, LI W, WANG H, et al. Radar waveform strategy based on game theory [J]. Radio Engineering, 2019, 28(4): 757-764.

[2] BELL M R. Information theory and radar waveform design [J]. IEEE Transactions on Information Theory, 1993, 39(5): 1578-1597.

[3] Steven M K. 统计信号处理基础：估计与检测理论 [M]. 罗鹏飞，张文明，刘忠，等译. 北京：电子工业出版社，2014.

第 11 章　总结与展望

现代电子战条件下，雷达与干扰机之间的动态对抗日趋激烈，极大地影响雷达对目标的检测、识别和跟踪性能。本书从波形优化的角度，考虑单天线和 MIMO 雷达两种体制，在认知雷达思想基础上，从完全信息博弈到不完全信息博弈，从单天线雷达到 MIMO 雷达，从传统博弈模型研究到基于人工智能中的深度强化学习技术，对雷达同干扰机间的博弈现象进行了深入的研究和探索，取得了一些阶段性研究成果；同时，也从人工智能产生雷达波形的角度进行了探索。但由于研究时间有限，研究工作还不够深入，仍留有很多值得进一步研究的问题，主要总结如下。

（1）受功率条件约束，在雷达和干扰功率相近的情况下，所设计的雷达发射波形对雷达性能提升较为明显，但当干扰功率过高（高于雷达发射功率 10 倍）时，仅通过博弈理论对雷达频域波形进行优化设计，则难以提高雷达性能。如何在强干扰条件下优化雷达发射波形，提高雷达目标检测、跟踪及识别能力，还需要进行深入研究。

（2）基于认知理论优化雷达发射波形，假设目标、环境等先验知识已知，然而获取全面准确的环境信息面临着不少的挑战。如何获取先验信息及获取的程度，是值得深入探究的问题。

（3）研究采用的杂波模型较为简单，没有考虑实际战场环境下的复杂杂波模型及多部雷达和干扰间的相互作用。针对海杂波等实际杂波模型下雷达和多干扰间的博弈波形设计，将是下一步的研究方向。

（4）随着电子战技术的发展，雷达和干扰间的博弈，也在不停地升级和革新，未来二者之间的对抗只会越来越激烈、越来越智能。当前深度强化学习等人工智能技术受到雷达界越来越多重视，但是学界并没有掌握深度神经网络获取高性能的本质原理，并且深度神经网络模型层出不穷，这对基于人工智能的波形设计提出了新的挑战，也使其成为一项长期性探索和研究工作。